わが家の
ハリネズミ
生態観察記

鈴木欣司・鈴木悦子 著

緑書房

庭に転がっている大きなイガグリ。
その正体は……？

はじめに

　いきなりですが質問です！
「ハリネズミは日本の動物でしょうか？　それとも外国の動物でしょうか？」
「外国の動物」と答えた人、正解です。おめでとう！
「近所で見たことあるから日本の動物だよ」と答えた人、それも正解です。
　なぜ、どちらも正解なのかというと、もともとは日本に棲んでいる野生動物（在来動物）ではなく、外国から連れて来られて日本に棲みついてしまった動物（外来動物）だからです。ハリネズミの場合は、ペットや展示用のものが逃げ出したり、捨てられたりして増えてしまったものと考えられます。
　私たち夫婦は30年ほど前から埼玉県のハクビシンをはじめ、東京都のアライグマ、神奈川県のクリハラリス、千葉県のマスクラット、伊豆大島のキョンなどのほか、各地で外来動物の観察、撮影を行ってきました。その途中、神奈川県や栃木県でハリネズミが野生化しているという話を聞き、ぜひともその生態を観察してみたいとの思いに駆られました。
　そのチャンスは2003年秋にやってきました。静岡県伊東市で8年間に130頭ものハリネズミが保護されているという新聞記事を読んだのです。さっそく現地を訪れ、ハリネズミを探しましたが発見できたのは1頭、それも一瞬のことで観察するまでには至りませんでした。冬眠をする動物であることから、その時期は活動が鈍っていたのかもしれません。
　以来ハリネズミについて書かれている本を多数読み、「なぜこんなにかわいいハリネズミが捨てられたのか」と考えましたが答えにたどり着きません。ペットについての記述はありますが、野生のハリネズミについては重複している内容が多く、資料があまりにも少ないのです。「だったら、実際にハリネズミを飼育してみよう」。私たち夫婦の意見は一致しました。もちろん最後まで責任を持って……です。
　ハリネズミは「鳥獣保護法（鳥獣の保護及び管理並びに狩猟の適正化に関する法律）」の対象ではないため、捕獲および飼育をすることが可能でした。ただし、「ハリネズミ属」のハリネズミは、2005年6月に施行された「外来生物法（特定外来生物による生態系等に係る被害の防止に関する法律）」における特定外来生物の「第二次指定種」に選定されたため、2006年2月以降は飼育などが禁止されました。私たちが飼育をしたのは、このハリネズミ属アムールハリネズミですが、法律ができる以前から飼育をしていたため、環境省の許可を得ることで学術研究を目的とした飼育を続けることができたのです（飼養許可番号06002052）。ですから、今、もし皆さんが野外でハリネズミを見つけても、その場所で観察するだけに留め、決して連れて帰るようなことはしないでください。

本書はこのアムールハリネズミの生態について、日本の生息地での観察と、2005年4月～2011年12月の飼育観察の記録をあわせて紹介します。飼育個体の屋外での写真もありますが、許可申請にあたっては愛玩用ではなく生態観察が目的での飼育であること、庭で日光浴をさせることがあることを届け出るとともに、庭の周囲を柵とネットで囲み、庭での観察は必ず2人で行うなど逸出防止の対策をして撮影を行いました。

　現在、外来生物法の対象になっていないアフリカハリネズミ属ヨツユビハリネズミが、ペットとして多くの方に飼育されています。種が違ってもハリネズミの不思議な生態は共通点が多々あります。本書ではヨツユビハリネズミについては「飼育Point」マークをつけて解説しました。あわせて参考にしていただければ幸いです。

　なお、緑書房の森田 猛社長には本書の出版を快諾していただき、心より感謝申し上げます。また、同社編集部の大谷裕子氏、編集協力の川音いずみ氏には企画・編集においてご尽力いただきました。ここに謹んでお礼を申し上げます。

2016年5月

鈴木 欣司・悦子

日本で野生化したアムールハリネズミは、ヨーロッパに生息しているナミハリネズミに比べると体がやや小さく、体毛も白っぽく感じるが、外見だけでの見分けは難しい。

目次

はじめに 6

1 「ハリネズミ」ってどんな動物？ 10
　　種の解説：アムールハリネズミ 14
　　種の解説：ヨツユビハリネズミ 17
2 ハリネズミの仲間であるモグラたち 18
3 ハリネズミを探せ 36
4 わが家にハリネズミがやってきた 48
5 ハリネズミの針 50
6 ハリネズミの食べ物 58
7 ハリネズミの糞 66
8 体重測定 67
9 夜のはじめはグルーミングと排泄とあぶく塗り 70
10 岩登りと柵越え 80
11 巣穴掘り？「ウニ」の穴掘り 84
12 ハリネズミの冬眠 92
　　冬眠する哺乳類 100
13 そのほかの普段の生活 102
14 ハリネズミのケガ・病気 108
15 ハリネズミの死 110
16 ハリネズミはなぜ捨てられたのか？ 122
17 野生化したハリネズミと外来生物法 126
　　国内由来の主な外来種 129
　　国外由来の主な外来種 130

参考文献 132

1 「ハリネズミ」ってどんな動物？

　ハリネズミは「ネズミ」という名前が付いていますが、ネズミではなくモグラの仲間に近い動物です。かつては同じようにネズミの名が付くトガリネズミ科のトガリネズミ（尖り鼠）やジネズミ（地鼠）、モールヒル（もぐら塚）を作ることで知られるモグラ科のアズマモグラ（東土竜）などと同じ食虫目（モグラ目）に属していましたが、現在はトガリネズミ科とモグラ科はともにトガリネズミ形目、ハリネズミ科はハリネズミ形目というふうに別のグループ（目）に扱われています。小型哺乳類の分類には研究者によってさまざまな見解があり、一定ではありません。そのため、今後も分類「目」は変わることがあるかもしれません。

　IUCN（国際自然保護連合）ではハリネズミ科24種をジムヌラ亜科5属8種、ハリネズミ亜科5属16種に分けています。一般に「ハリネズミ」と呼ばれるものは体に針のあるハリネズミ亜科で、日本に棲みついてしまったハリネズミは、中国や朝鮮半島などに生息しているハリネズミ属のアムールハリネズミ（*Erinaceus amurensis*、別名マンシュウハリネズミ）です。ちなみにペットショップなどで売られているハリネズミは、アフリカハリネズミ属のヨツユビハリネズミを基に品種改良したもので、ピグミーハリネズミやピグミーヘッジホッグとも呼ばれています。ヨツユビハリネズミは西アフリカから中央アフリカを経て、東アフリカにかけてのサバンナと森林地帯に広く生息している普通の種で、頭部と腹部の毛の色は白色です。

つぶらな瞳のアムールハリネズミ。

体の特徴

　ハリネズミは額から尻までの背中側に、毛が変化した鋭い針が生えていて、危険を感じると体を伏せて針を逆立てて、針の山のようになったり、くるくるっと体を丸めて栗のイガのようになったりします。寒冷地に棲むもののなかには、冬眠をする種もあります。アムールハリネズミを含むハリネズミ属の4種はともに、鼻の先から尻までの長さは20〜30 cm、尾の長さは2〜3 cm、体重は600〜700 g、冬眠前は900〜1,000 gになります。皆さんが知っているモグラに比べたらとても大きく、トンネル生活をしているわけでもないので、ぱっと見はモグラのイメージが浮かぶことはないでしょう。

ヨーロッパではなじみ深い動物

　ハリネズミの英名は「hedgehog（ヘッジホッグ）」といいます。イギリスには「hedgerow（ヘッジロウ）」や「country hedge（カントリーヘッジ）」と呼ばれる、牧場や庭の境などにする生け垣があります。この生け垣はさまざまな生き物が棲んだり、コリドー（緑の回廊）に使ったりしています。ハリネズミも例外ではなく、この生け垣を棲み家にしたり、冬眠場所にしたり、餌場にしたりしています。

　ヨーロッパではよく知られている動物で、庭にハリネズミ用の食べ物を用意している家もあります。人に害を与えることはなく、花壇のカタツムリやナメクジを退治してくれると喜ばれています。イギリスやドイツでは保護活動が盛んで、ハリネズミ専門の病院もあります。

身を守る最後の手段は、隙間なく体を丸めて針を立てること。しばらくすると、鼻をヒクヒクさせて周りの様子をうかがう。

童話や絵本などにもよく登場していて、『不思議の国のアリス』では、小づちの代わりにフラミンゴ、ボールの代わりにハリネズミを使ってクロッケーというゲームをする場面も出てきます。また、ハリネズミはリンゴやイチゴを針に突き刺して運ぶという話が、2000年以上も前から伝えられているそうです。日本でも、文房具や雑貨などでハリネズミとリンゴがセットになったイラストを数多く見かけます。
　ハリネズミはいつも針を立てて、気性が荒く、相手を傷つけているイメージがあるようですが、実際はとても臆病で、針を立てる行動は危険を感じたときに身を守るために行います。自分から相手に向かっていくことはほとんどありません。
　ヨーロッパの北部と西部に生息しているハリネズミ属のナミハリネズミは研究が進んでいて、生態なども明らかになっていることが多いのですが、アムールハリネズミの生態はほとんどわかっていません。

日本にきたハリネズミ

　日本には、いつ頃からかはわかりませんが、動物園などでの展示用やペット用に輸入されました。大切に飼われていたはずのハリネズミが野外で最初に見られたのは1986年、青森県倉石村（現・五戸町倉石）の牧場でしたが、このハリネズミはすぐに飼い主がわかり、無事に帰ることができました。野生化したハリネズミが初めて確認されたのは1987年、神奈川県の市川恵三氏が小田原市曽我谷津のミカン畑で死体に次いで生体を発見しました。1995年には静岡県伊東市でも定着が確認され、そのほかに奈良県、栃木県、長野県、富山県などでも、民家の庭や畑などで目撃されたり捕獲されたり、犬小屋の下にもぐり込んで繁殖しているのが確認されています。交通事故に遭ったり農業用ネットやテニスコートのネットにからまったり、空き缶に首を突っ込んで取れなくなったりして命を落とすものも少なくありません。福島県の佐藤洋司氏によると、栃木県真岡市では定着しないうちに捕獲されて根絶に成功したといわれています。
　当初このハリネズミたちはヨーロッパに棲んでいるナミハリネズミといわれていました。地域によってはアムールハリネズミ（マンシュウハリネズミ）だともいわれ、日本には2種類のハリネズミが野生化しているのではないかと思われていました。のちに研究者によるDNA鑑定によりすべて「アムールハリネズミ」で、「コウライハリネズミ」と「ウスイロハリネズミ」の2亜種であることがわかりました。
　なお本書では以降、観察したアムールハリネズミについては、ハリネズミと略します。

1 「ハリネズミ」ってどんな動物？

虫食の強い雑食で、歩きまわりながら小昆虫や陸生貝類などをこまめに拾い食いする。

種の解説：アムールハリネズミ

分　類：ハリネズミ形目ハリネズミ科ハリネズミ属
学　名：*Erinaceus amurensis*
英　名：amur hedgehog、urchin
別　名：マンシュウハリネズミ
中国名：黒竜江刺猬、刺球子
韓国名：고슴도치（コスムドチ）
分　布：中国、朝鮮半島。アムール川（黒竜江）、ウスリー川（烏蘇里江）流域。日本では神奈川県小田原市、静岡県伊東市に定着。
特　徴：灰褐色の顔面、四肢、腹面を除く、体全体の4分の3の背面に10～22 mmの長くて硬い針状毛（spine）が生える。頭胴長、体重などの測定値を比べると、伊東市産のものは小田原市産のものよりもわずかに小さい。
大きさ：頭胴長20～30 cm、尾長2～3 cm、体重600～700 g、冬眠前900～1,000 g。

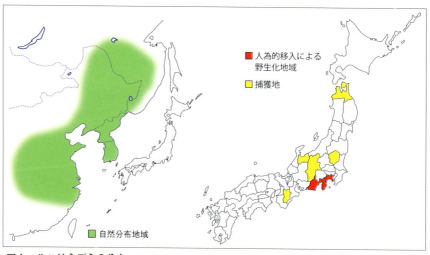
アムールハリネズミの分布

生　態：夜行性で、昼間は岩の下や低木、草間にもぐって眠り、夜になって間もない頃から動き出す。夜通し徘徊していて前夜のねぐらには必ずしも帰巣していない。母子、きょうだいなどでいるとき以外は単独生活者である。トンネルは掘らないが、自分がもぐり込める程度の深さの穴掘りをする。水泳や岩をよじ登るのが得意。

　雑食性で、地表を歩きまわりながら徘徊する小昆虫や、陸性貝類を嗜好する。民家の周辺や道路わきで見かけることが多く、交通事故などロードキル多発の原因にもなっている。日常的に歩いた通り道の跡「けもの道」はできない。通常11月まで活発に活動し、12月から3月まで冬眠する。

　ハリネズミに寄生するマダニによる人への健康被害の有無は不明。限られた甲虫類が捕食されると生態系の混乱は避けられない。日本固有種の多いモグラ類（アズマモグラ、ヒミズ、ニホンジネズミなど）との餌や生息場所での競合が懸念される。

　環境省により、外来生物法の特定外来生物に指定（2006年2月1日）、生態系被害防止外来種リストの総合対策外来種に指定（2015年3月1日）。

歩く姿は陸揚げされた「クロナマコ」、丸くなった姿は「バフンウニ」のよう。いずれも高級食材だが、ハリネズミ自身も中国では「刺猬皮」という漢方薬の原料にされている。

アムールハリネズミの頭骨

頭骨全長 56.5 mm。頭骨は頑丈で、頬骨弓を持つ。基底蝶形骨のくぼみはV字形をしており、U字形のナミハリネズミと区別ができる。歯式：I3/2＋C1/1＋P3/2＋M3/3＝36（歯種：I＝切歯、C＝犬歯、P＝前臼歯、M＝臼歯）。切歯（門歯）は大きく、臼歯は虫食よりも雑食に適応している。

種の解説：ヨツユビハリネズミ

分　類：ハリネズミ形目ハリネズミ科アフリカハリネズミ属
学　名：*Atelerix albiventris*
英　名：four-toed hedgehog、tropical African hedgehog、African pygmy hedgehog、dwarf hedgehog、white-bellied hedgehog
分　布：サハラ砂漠の南の半乾燥地域から東アフリカのエチオピア高原、南部のザンベジ川（中流にビクトリア滝がある）までの中南アフリカに生息。
生息場所：サバンナ（5 m 以下のイネ科植物や低木が点在する）、森林、熱帯雨林、森－サバンナのモザイク地域、国立公園、カカオ・コーヒーなどの栽培園、庭園。
特　徴：体の背面に約 20 mm の長くて硬い針状毛が生えている。英名から足の指が 4 本、小型種、白い腹などの特徴を知ることができる。同属のケープハリネズミ（*A. frontalis*）に似ているが、ヨツユビハリネズミは頭と腹面が白色で、ケープハリネズミは鼻先と腹面が黒色がかっているので同定は容易である。
大きさ：頭胴長 14～21 cm、尾長 1.1～1.9 cm、体重 200～300 g。
生　態：夜行性で単独性。日中は穴に隠れるか、低い木の茂みで過ごす。餌はいろいろな歩行性昆虫、ミミズ、カタツムリ、小さいヘビや、トカゲ、小鳥の卵、野菜、液果、熟した果実など。サバンナは、1 年が乾季（日本の夏にあたる）と雨季に分かれており、乾季は主な餌の昆虫が減り捕食できなくなるため、休眠に入る。野生の個体数はあまり多くない。伐採による熱帯林の減少や、地球温暖化による気候変動で雨量が減少したことなどがからみあって砂漠化が進み、ハリネズミを含む野生動物の生息環境が脅かされている。
　　　　　外来生物法の対象外（2015 年 10 月現在）。

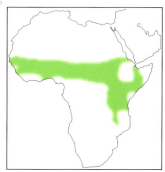

ヨツユビハリネズミの分布

2　ハリネズミの仲間であるモグラたち

　日本在来のモグラの仲間はトガリネズミ形目トガリネズミ科が4属12種、モグラ科が4属8種の計20種で、そのうちの70％が日本固有種です。それに初期定着した外来種のハリネズミ形目の1種を合わせると21種になります。

　本州の山岳部の一部を含む地域だけでも約10種が生息し、例えば埼玉県秩父地方ではアズミトガリネズミ、ミズラモグラ、ヒメヒミズなど8種が生息しています。日本はモグラ類の宝庫だといわれる由縁で、それはやわらかい肥沃な土地がある証なのです。

　身近でなじみのあるモグラは、東日本のアズマモグラと西日本のコウベモグラでしょう。箱根山の地下で繰り広げられている、モグラ属二大勢力の熾烈な争いは専門家の間ではちょっと有名な話です。生活様式が似たこの2種は地域的な棲み分けをしていますが、隣接する地域では勢力争いを繰り返していて、コウベモグラの4分の3くらいの体重しかないアズマモグラは形勢が不利なのです。コウベモグラがこのまま北進や東進をし続けると、やがて関東のアズマモグラは追いやられてしまうかもしれません。

　日本のモグラのうち最大の種は、新潟県越後平野に生息するエチゴモグラで、頭胴長が14～17 cmもあります。かつてはサドモグラに分類されていましたが、染色体の核型（染色体の数、大きさ、形態などの特徴）や遺伝子本体のDNA解析の結果、別種であることがわかりました。

　最も小さい種は北海道の道東や道北に棲むトウキョウトガリネズミ（チビトガリネズミ）で、頭胴長は52 mmしかありません。和名の冠が「東京」となっていて生息地の北海道と一致しないのは、エゾ（蝦夷）をエド（江戸）と記録したコレクターのミスによります。実際の採集地は道南のむかわ町鵡川だったようです。初記録は1903年で、日本の哺乳類の研究はまだ黎明期にもなっていませんでした。

　この珍種のトガリネズミは、道東の浜中町の沖合に浮かぶ嶮暮帰島（けんぼっきとう）の海岸草原にも生息しています。動物研究家の「ムツゴロウさん」こと畑 正憲氏がかつて住んでいた小島としても有名です。私たち家族も対岸の民宿に泊まって小島の探検を3夏つづけて挑みました。台地状の小島の断崖は海鳥の繁殖コロニーになっていてにぎやかで、娘2人は汀線で薄いピンク色のチョウチョ貝（オオバンヒザラガイの貝殻）拾いにのめりこんでいました。

　さて、ハリネズミはモグラ類の中で一番大きな体をしていますが、決して在来のモグラを攻撃したり、襲って食べたりすることはありません。ただ、どの種もとりわけ昆虫を嗜好し、ミミズ類や小型の軟体動物、そして植物も少々食べます。ハリネズミは定着したばかりですが、それらを手当たり次第に食べてしまうため、在来のモグラとの間で餌による競合が懸念されています。ここで、主な日本のモグラを紹介しましょう。

2　ハリネズミの仲間であるモグラたち

モールヒル。春のはじめに丘や耕地、果樹園でよく見かけるアズマモグラの土盛りはトンネル掘りで出た土を地表に押し出したもの。

モグラ科モグラ属
アズマモグラ（東土竜）
学名：*Mogera imaizumii*
英名：lesser Japanese mole, Japanese eastern mole, small Japanese mole

ビロードのようなきめ細かくやわらかな毛で覆われているアズマモグラ。トンネル内で動きやすいように体つきは丸く、穴が掘りやすいように前足の手のひらはいつも外側を向いている。口の裸出部の上面が長方形をしていて、吻先にはモグラ科の動物しか見つかっていないアイマー器官がある。

　日本のモグラ科8種はすべてが固有種ですが、北海道には生息していません。世界に現生するモグラ科が約40種しかいないことを考えると、狭い国土に驚くほどの種数がいることがわかります。

　アズマモグラ（以下モグラ）は、モグラ類のなかでは中型で、頭胴長14.5 cm、体重75 gくらいが標準的なサイズです。ところが同一地域では、低平地に棲むものと山地に棲むものでは後者が著しく小型化する傾向があり、それを亜種のコモグラ（*M. i. minor*）として分類することもあります。やや黒味がかった茶色の体毛はビロード状で美しく、土などの汚れが付いても体をひと振りすればすぐに落ちてしまいます。日本では靴磨きの艶出しに最高だという話を聞いたことがありますが、かつてイギリスの貴族はモグラやカワネズミの毛皮のコートをこよなく愛したといわれています。

モグラはトンネル掘りの名手で、体のつくりや働きも地下のトンネル生活に適応したものになっています。トンネルを掘る手のひら（前足の手掌）を見ると5本の指が皮膜で繋がって野球のグローブのようになっており、その先に強大な爪が付いています。力はめっぽう強く、この手がいったん土のなかに入ってしまうと、大人の力では引き出せないくらいです。耳たぶ（耳介）は欠損し、唇の内側にもうひとつの唇があるのは、掘り進むときに土を飲み込まないためでしょう。目は退化して小さく（直径1mmくらい）、皮下に埋まっています。視覚に頼らなくても暗夜やトンネル内を自由に動きまわれるのです。

　モグラは大食漢で知られますが、餌を切らすとたちまち飢え死にしてしまいます。モグラの1日の活動周期は約6時間で、餌探しと睡眠に半分ずつ分けて日夜活動しています。動物食で、獲物は口で捕まえ、手のひらで押さえ込んで食べます。フツウミミズ、イイズカミミズなどを嗜好し、悪臭の強いクソミミズやシマミミズは食べません。食べ方は、大きくなったミミズでは頭か尻のどちらかを噛み切って、次に口や手で体内の土をしごき出しながらがつがつと食べます。ほかにガ類の幼虫・蛹、ハサミムシ、ムカデ、ヒル、クモ、コオロギ、マイマイ、コウガイビル、セミなどの小動物を捕食します。

　完全な地下生活者のモグラは人の目にとまることは少ないですが、全く日の目を見ないで生活しているわけではありません。早春と秋に丘や公園、果樹園などでモールヒルがよく見られます。朝方には土中のミミズを追いつめて地表に飛び出してしまい、なおかつミミズには逃げられてあわてて土中にもぐるなんていう場面も……。同じようなことは小鳥の給餌台の下でも起こります。ヒマワリの種のかすにミミズが集まっているからです。モグラに気付いたミミズは地面から10cmくらい飛び上がって着地すると動きを速めて、ジャンプができないモグラの難から逃れるのです。ミミズには目がありませんが、体の前方（環があるほう）に光を感じる細胞があるため、地上の方向がわかるのです。

アズマモグラの全身骨格（秩父市産）。頭骨全長32mm。頭骨はやや丈夫で、頬骨弓がある。頭骨の大きさは産地によって差が著しく、大きいものは全長37mmにもなる。歯式：I3/2+C1/1+P4/4+M3/3＝42。

ミミズを追いかけて地上にひょっこりと顔を出す。学名の *Mogera* は日本語のもぐら（土竜）に由来し、*imaizumii* は長年、日本の哺乳類の研究に尽力された今泉吉典先生の名にちなむ。

　私たちの古里である秩父に、モグラの研究で有名な手塚 甫氏がいました。埼玉県立秩父農工高等学校（現・秩父農工科学高等学校）農業科で教鞭をとっていたモグラ先生で、ミミズと土との関係を熟知し、いつも棒1本と空き缶を持ち歩きながら、モグラの餌となるミミズ捕りをしていました。早朝に地面を棒でたたくと、モグラが襲ってきたと思ったミミズがにょろにょろとジャンプするように出てくるのです。モグラを愛した手塚先生は、日本におけるモグラの人工飼育のパイオニアだったのです。

　ずっとあとになって、当時、中学校教諭だった筆者の欣司も鶏のひき肉と牛乳を使って、念願だったモグラやヒメヒミズ、ヒミズなどの餌付けを行いました。まだ家にエアコンがない頃で、温度変化に繊細なモグラの飼育は容易ではありませんでした。気温は20〜25℃くらいが適温で、それ以上でも以下でもモグラは弱ってしまいます。そこで温度差の少ない玄関に飼育箱を置いて観察をしていました。

　体重75gのモグラが1日に食べるミミズの量は60匹ほどです。小さかったミミズも夏になると大きく育つので、与えるミミズの数は少なくなります。餌付けしてからは牛乳をがぶ飲みするようになりましたが、まだミミズも少々与えました。

　当時、テレビ番組用にモモンガとノネズミの撮影を行っていました。それが終わって、次はモグラを取り上げようということなりました。餌付けが難しいことが頭から離れず、不安を抱えたままの撮影協力でした。案の定、モグラは撮影用の強力な光の温度に耐えられず、すぐに弱ってしまいました。無理難題は承知でしたが、モグラの番組の完成はかないませんでした。

2 ハリネズミの仲間であるモグラたち

飼育したアズマモグラ。大食漢のモグラはミミズだけでは飼い通せないが、鶏ひき肉と牛乳で餌付けると丈夫に育つ。50年前の飼育時の写真で、かなり退色している。

　餌付けたモグラが死ぬとまたやり直しです。餌付けるには半年くらい時間がかかりますが、その前にモグラを捕獲しなければなりません。幸いなことに、近くにモグラ捕りの名人がいました。名人はまだ薄暗いうちに唐鍬(土を掘り起こす農具)とバケツを持って畑に出ると、いとも簡単に捕まえてきます。そこで、同行してモグラ捕りの様子を見せてもらいました。

　ミミズは早朝、畑の畝の地面から10cmくらいの浅い地中に集まります。モグラはこのミミズを夢中になって食べ進みます。モグラの動きを見届けた名人は、畝をまたいでじっと待ちます。足の間を通過した直後、片足でトンネルを踏みつぶすと同時に、進行方向から唐鍬を差し込んでモグラをすくい上げるのです。仮にUターンして逃げようとしても行き先はつぶされていて、パニックに陥っているモグラはその場で動けなくなり、その隙に素早く捕まえます。捕らわれの身となったモグラは土の入ったバケツに入れると静かになるのです。

　畑のモグラといえば、わが家の庭に作った2坪足らずの畑でもモグラはやりたい放題です。夏はモグラの活動が鈍くなるといいますが、猛暑日が続くとモグラは1日の生活リズムなどそっちのけで庭に入ってきます。作物を枯らすまいと水やりに精を出すため、ミミズや昆虫の幼虫がよく集まるのです。普段なら地面から10〜15cmの深さのトンネルを移動道にしていますが、前夜からの気温が下がらないと地面すれすれの深さのところを掘り進むため、背中が見え隠れします。目を離した隙に餌を探しまわったらしく、トマトの根が浮いてしまい、すぐにも枯れてしまいそうです。畑を守るためにトンネルを押しつぶしても、負けじ魂を持ったモグラはすぐにやってきてトンネルを修復していくのです。モグラは根切虫

（カブラヤガ、タマナヤガ、ヒメコガネ、ドウガネブイブイなどの幼虫）などの害虫退治をやってくれるので、撮影や観察をさせてくれればこのくらいの被害は大目に見るのですが……。

モグラは、普段は雌雄とも単独で広いホームレンジにテリトリーを持って生活しています。この範囲に広葉樹の大木があれば、たいがいその根の下に巣があるはずです。あるとき庭先のヤマザクラの根域からひょろ長いキノコが生えてきたので、もしかしたら巣があるかもしれないと思い、試しに掘ってみました。長いと予想したキノコの柄はすぐに消え、20 cmほど掘り進んだところの根の下でタカチホヘビが丸くなって寝ていました。モグラとヘビでは相性がよいとも思えず巣探しはあきらめました。

アズマモグラ MEMO

- 吻先にあるアイマー器官は鋭敏な感覚器官。
- 聴覚は鋭く、人の足音がすると逃げる。
- 天敵はタヌキ、アナグマ、フクロウ、トラフズク、モズ（早贄）、ノスリなど。
- 方言はうぐろ、おごろ、おぐら、むぐら、もぐらもちなど。
- 昔からモグラの死体は地上で発見されるので、日に当たると死ぬとまことしやかにいわれてきたが、科学的な根拠はない。
- よく水を飲む。水を入れた鉢皿を庭先に置くと、夜間にやってきて皿に前足をかけて飲むらしく、水が手のひらに付いた土で汚れている。夏の猛暑が続くと、植木鉢の下や広幅の板などの下にトンネルを掘って過ごし、暑さ対策をする。
- 「土竜打ち」は小正月に行われる子どもの行事。アズマモグラやコウベモグラなどが田畑の農作物の根を浮かすのを防ぐための一種のまじない。夜行性のモグラの活動に合わせて、薄暗くなると束ねたわらで地面を叩きながらやんやとはやしたてる。北海道ではモグラ科は棲んでいないので行われていない。
- 「土竜」はもとはミミズのこと。モグラの漢字名は他に「鼴鼠」「田鼠」がある。
- 2016年現在、鳥獣保護法（鳥獣の保護及び管理並びに狩猟の適正化に関する法律）の規制により、小型哺乳類（モグラ・ネズミ・コウモリ）も原則として捕獲ができなくなった。

2 ハリネズミの仲間であるモグラたち

暖かい風が吹いて地面が温もると、アズマモグラはトンネル堀りに精を出し、あちらこちらに新しいモールヒルができ上がる。

長々と続くアズマモグラのトンネルの一部が園芸用プランターの下につくられていた。普通は地面から約15cmの深さにあるが、クモや昆虫などがうごめきだすとそれを捕食しに地表にまで姿を現す。

モグラ科ヒミズ属

ヒミズ（日不見）

学名：*Urotrichus talpoides*
英名：Japanese shrew-mole

つややかなビロード状の毛が美しいヒミズ。すでに頭や尻の部分の毛が冬毛から夏毛に生え変わっている（6月中旬）。長い口吻、発達した触毛（硬くて長い毛で、感覚がきわめて鋭敏）、手足の鱗、棍棒状の尾がヒミズの特徴。

　ヒミズの漢字名は「日不見」で、異名はヒミズモグラといいます。日の目（太陽の光）を見ないという意味で、実際、目は痕跡を残していますが光が当たってもまぶしがる様子はありません。頭胴長約10 cm、体重約20 g、尾長約3.5 cm。体色は紫がかった黒色で、ややつやがあります。モグラに多少似ていますが体つきはきゃしゃで、尾は太くて長く、粗い毛が生えています。また、モグラの大きな手のひらは側方に向いていて地面に付きませんが、ヒミズの手のひらは地面に付きます。土堀りにかけてはモグラの仲間ではモグラが一番で、ネズミではアカネズミにかなうものはいないでしょう。

　ヒミズは本州、四国、九州、淡路島、小豆島、対馬に広く分布しています。生活型は半地下性で、主に里山・丘陵から山地の落葉層や腐植層と土壌との間に、直径約2.5 cmの細いトンネルを掘って棲んでいます。夜行性ですが、ほかのモグラよりも地上で活動する時間がはるかに長く、曇天の日や急な雨上がりのときには昼間でもよく地上に出てくることがあります。地表に出ると餌を探すために、尖った吻先を上向きにしてまわすようににおいをかぐ仕草をします。この吻先が湿っているほど健康な証なのです。

　主にミミズ（クソミミズを除く）や昆虫類の成虫・幼虫、徘徊性のクモ類、ムカデ類などの動物食ですが、飼育してみると、トウモロコシ、米粒、イネ科の種子など植物性のものま

2 ハリネズミの仲間であるモグラたち

ヒミズの全身骨格（秩父市産）。頭骨全長26 mm。頭骨は扁平で、吻は細長く、頬骨弓を持つ。
歯式：I2/1+C1/1+P4/3+M3/3=36。

鼻先は尖っていて吻先が赤く、手は鱗で覆われているのがヒミズの特徴。この長い吻先を四方に回してにおいをかぐ。

で食べる珍しい習性が観察できます。もっともミミズや昆虫を絶やすと長く飼育はできません。飼育は土になりかけている枯れ木を入れるのが秘訣です。長い吻先で枯れ木をくずしながらなかにいる昆虫の幼虫などを食べ、タンパク質を補ったり運動不足を解消したりするのです。

飼育したヒミズ。ミミズを取り押さえて体内の泥をしごきながら食べる。

27

実りの秋を前に栗林の草刈りが行われたあとのことです。ムクドリの群れが舞い下りて、盛んにギャーギャー鳴きながら、行き場を失ったバッタをわれ先にとついばんでいました。その様子を双眼鏡で見ていると、1匹のヒミズが目に入りました。ヒミズにとってもバッタは好物で、たまらず地上に出てきたのでしょう。ところが、何羽かのムクドリがヒミズを突きまわし始めたのです。ムクドリたちはヒミズの外耳道のあたりを突いてダメージを与えているようです。そういえば、モズもよくヒミズを早贄にします。微力なヒミズでは嘴の強いムクドリやモズにかかってはひとたまりもないのです。

　3月頃に繁殖期（交尾期）に入ると、地上での活動はさらに活発になります。学校の部活動の生徒らと、かつて集落のあった山間部の谷間で行った夜間調査のときのことです。調査のためのスナップトラップをかけたところ、夜のはじめ頃から鳴き合う甲高い声が止まず、テントのなかであれこれと詮索しながら夜を明かしました。翌朝に回収したトラップの捕獲率は10％を超えていて、普段の6〜8％に比べると高率でした。次の晩も同じように「チィチィ」という鳴き声が谷間にエコーします。ヒミズのにぎやかさに終始した2晩でしたが3日目の夜は嘘のような静けさに戻りました。このときの繁殖騒動は記憶のなかに今もしっかりと刻まれています。

ヒミズ MEMO

- 方言はシイネ、ドイネズミ、ヤマウグラなど。
- 別名にヒミズモグラ、ヤマモグラがある。
- 天敵はテン、イタチ、ネコ、フクロウ、ノスリ、モズ、ヘビなど。天敵によってはあまり好まないのか、頭しか食べないものもいる。
- 外見はアズマモグラに似ているがぐんと小さく、深いトンネルは掘れない。手足には原始的な鱗の形が、かなりはっきりと残されている。
- 昔の名前は「ヒミズモグラ」。半地下性で、小さなミミズや昆虫を捕らえるほか、飼うとトウモロコシや米粒なども食べる。

トガリネズミ科ジネズミ属
ニホンジネズミ（日本地鼠）
学名：*Crocidura dsinezumi*
英名：Japanese white-toothed shrew

スマートですばしこく歩きまわるニホンジネズミ。ミミズはもとより小型のガ、徘徊性のクモ、小昆虫、ムカデ、甲虫の幼虫などの獲物を捕らえる。

　「ネズミ」という名が付いていますが、れっきとしたモグラの仲間です。頭胴長が8cm足らず、体重は7gしかない小さな哺乳類です。目はアワ粒のように小さく、口も尖っていてモグラに似ていますが、尾が長く（約5cm）、耳が大きい（約8mm）ところはネズミに見えます（モグラには耳介がない）。

　ニホンジネズミ（以下ジネズミ）は、北海道（東北からの国内移動、1956年に道央の芦別の植林地で発見）、本州、四国、九州、新島（伊豆諸島）、佐渡島、隠岐諸島、種子島、屋久島、トカラ諸島中之島までの日本列島と、韓国のチェジュ島（九州あるいは西日本から移入）に広く分布していますが、個体数はあまり多くありません。棲んでいる場所は、低平地から標高1,100mくらいまでですが、山地で見かけることは少ないでしょう。人家の周りに棲みつき、飼いネコは独特のきついにおいを嫌うのか捕殺しても食べようとしません。半地下性で里山、丘陵、浅い山、河川敷、畑、水田の畔、草地などの日当たりがあまりよくない場所に、トンネルを浅く掘って巣を作っている場合が多いです。丘陵で観察した巣は、シロツメクサの根の下20cmほどのところにありました。巣には、枯れ草が皿状に敷いてあります。

草原と隣り合わせの路地が簡易舗装されていると、その下にはいろいろな小昆虫が棲みつきます。温まった路面の下には雨も入らず棲み心地がよさそうですが、捕食者のムカデやトカゲなども入り込みます。その道端で拾われたジネズミを剖検してみると、胃のなかには動物性の食べ物が入っていることが多く、盲腸が見当たらないことなどから、食性は肉食とみられます。浅い土中や地表に棲む徘徊性のクモ、大型のアリ、ミミズ、ゲジ、ムカデ、コガネムシ科の幼虫などを捕食しているようで、冬を迎えると越冬中のハエトリグモやヒメグモなど屋内性のクモを狙って人家の床下に入り込むこともよくあります。飼ってみると、体の割りには獰猛で、大きな昆虫を捕らえ、キーキーと音を発しながら食べます。

　ジネズミは道の上で死んでいるのがたまに見られます。初秋の頃に目に付きますが、死体は無傷で、轢死ではなさそうです。子どもの成長は早く、初夏に生まれたものが翌春には繁殖し、その年の秋には死んでいく……。もしかしたらジネズミは短命なのかもしれません。身近に棲んでいるのに生態はよくわかっていないのです。

　ジネズミは本州、四国、佐渡島の山岳地に棲むシントウトガリネズミと体つきがよく似ていて、観察するときに戸惑うことがあります。区別するには、歯を見ます。トガリネズミの仲間の歯の先端は赤褐色か栗色に染まっていて、ジネズミは英名（Japanese white-toothed shrew）の通り白色をしています。

ニホンジネズミ MEMO

- フクロウやトラフズクのペリット（食べた餌の不消化物を吐き出したもの）からジネズミの頭骨が出ることがある。
- 子育て中の早い時期に地表を移動するときに、母親を先頭にして何頭もの子どもが順番に尾の根元をくわえて一列縦隊になって歩くキャラバン行動が見られる。
- 頭骨の頬骨弓はモグラ科にはあるが、トガリネズミ科にはない。
- ジャンプ力に優れていて、飼育箱から逃げられることがしばしばある。
- 地上で活動し、冬には冬越しのクモを食べに人家の床下に出入りし、束（つか）や貫（ぬき）を伝って屋内にも入ってくる。

ニホンジネズミの全身骨格（秩父市産）。頭骨全長 20 mm。頬骨弓がなく、脳筐（のうきょう）はやや長く卵形。
歯式：I3/1＋C1/1＋P1/1＋M3/3＝28。

雨の朝、道端で見つけたジネズミの死体。クロオオアリが入れ替わり立ち代わり肉を小片にして巣へ運んでいた。ジネズミの死により、食う食われる関係が逆転した。

トガリネズミ科カワネズミ属
カワネズミ（川鼠、水鼠、銀鼠）
学名：*Chimarrogale platycephala*
英名：Japanese water shrew

きれいな渓流にしか棲めないカワネズミは、沢の上流域に追いやられている。長い間生存が確認されていないカワウソの二の舞だけは避けたい。

　カワネズミは大型のトガリネズミで、本州、九州に生息しています。九州地方のカワネズミは環境省レッドリスト「絶滅のおそれのある地域個体群」に指定されています。1属1種の日本固有種で、国内では唯一の水陸両生型のモグラ類です。長い尾の断面は角張っていて、舵をとる役目を果たしています。

　谷川の清冽な流れの大きな石の淵の岸辺にテリトリーを構え、昼夜の別なく泳ぎまわります。水中にもぐると水底の歩行も速やかになり、イワナやヤマメ、サンショウウオを追跡します。捕った魚は頭をくわえて陸に運び出し、頭からカリカリと音をたてながら食べます。また、緩やかな流れでは大型の水生昆虫、浅瀬ではサワガニなどを捕らえます。

　体毛の色はチャコールグレーですが、水中を泳ぎまわっているときは、体毛の間に気泡が生じて銀白色の矢のように見えます。渓流釣りの人にとっては水中のギャング扱いで、カワネズミの姿を見ると、「もう魚がいない」と嘆いて上流の釣り場へ移っていくといいます。山間にあるカワマスの養魚場や釣堀にも、流れ込む川や沢の疎水を伝わって入ってきて、養魚に害を及ぼしています。

カワネズミの全身骨格(秩父市産)。頭骨全長28 mm、脳筐は幅広く扁平。歯式:I3/1+C1/1+P1/1+M3/3=28。

　1950年頃までは、山間を流れる川の本流でも観察されましたが、いつの間にか全く見かけなくなりました。これは、川の水がだんだん汚れてきたためと考えてよいでしょう。砂利採取などで川の環境が著しく変貌をとげたことも、カワネズミの生活場所を狭めている要因です。カワネズミの生息の有無は、河川汚濁のバロメーターなのです。

カワネズミ MEMO

- 別名にギンネズミ、ミズネズミがある。
- 昔の英名はJapanese swimming shrewで、現在はJapanese water shrewという。
- 日本にはトガリネズミ科が12種分布している。このうち6種(カワネズミ他5種)は日本固有種。
- 天敵はイタチ、アメリカミンク、テン。
- 繁殖期は春と秋で、飼育下では3月中旬に産まれた子の数は4匹だった。

モグラ科ミズラモグラ属
ミズラモグラ（角髪土竜）
学名：*Euroscaptor mizura*
英名：Japanese mountain mole

　ミズラモグラは、起源が古い小型のモグラで、1属1種の日本固有種です。環境省第4次レッドリストに準絶滅危惧種で掲載されています。1871年に日本に来たヘンリー・プライヤーが横浜付近で採集し、1880年にA．ギュンテルが新種として発表しました。その後55年間見つからなかったため、アズマモグラの変種ではないかとの見方をされましたが、1935年に再び採集され、新種として確認されました。

　生息地は本州の青森県から広島県にかけて散在していて、四国や九州では記録がありません。個体数はきわめて少なく、十和田湖、尾瀬ヶ原、上高地、富士山、北八ヶ岳、雲取山、白岩山、武甲山、群馬県四万温泉、白山、広島県比和町など、標高500〜1,800mの低山帯から亜高山帯にかけて生息しているようです。また近年、滋賀県高島市でキノコ（担子菌のナガエノスギタケ）を手がかりにした調査で、標高260m、440m、770mでの生息（営巣）が確認されました。既知産地が山岳地、特に亜高山帯での死体の拾得が多かっただけに、低標高地へは目が向いていなかったのかもしれません。こうした分布状態から、かつて平地に棲んでいたものが、新しく進化してきた対抗種のアズマモグラやコウベモグラなどとの生存競争に敗れ、高地に追い上げられたとの見方もできます。

山の草地で見つけたミズラモグラの頭のない死体。近くでホシガラスがガーガーガーと鳴いていたので、彼の食べ残しと思えた。

2 ハリネズミの仲間であるモグラたち

ミズラモグラの全身骨格(秩父市産)。頭骨全長 28 mm。口吻は細くて長い。
歯式：I3/3＋C1/1＋P4/4＋M3/3＝44。

　ミズラモグラの体つきはアズマモグラによく似ていますが、頭胴長は 10 cm 前後でぐんと小型です。また、口の裸出部の上面が三角形をしていて、長方形のアズマモグラとは一見して区別できます。歯の数はアズマモグラより 2 本多い 44 本で体表には鱗がかなりはっきり残っているなど、化石原始獣の特徴もより多く残っています。

　ミズラモグラは、体が小さいこともあってか、アズマモグラに比べるとトンネルを掘る能力が落ちます。深いトンネルは掘らず、モールヒルも作りません。生態や分布などについてまだ不明な点が多いですが、低山(標高約 500 m)で採集したものを飼育した結果では、バッタやコオロギ、ミミズなどを好んで食べることがわかったため、食性はほかのモグラ類と同じであると考えられます。

ミズラモグラ MEMO

- 和名のミズラは、いにしえの男子の髪型「角髪(びんずら)」から付けられた。鼻先(鼻尖)の外鼻孔は前面に開き、その形が角髪に似ているからだろうと筆者は思っている。
- 異名にミズモグラがある。
- これまでに標高約 1,800 m の奥秩父白岩山の雪上(3月)と、標高約 500 m の武甲山の清水のなか(8月)でともに生体を採集した。また、頭のない死体は浅間山中腹と群馬県叶山山麓で拾得している。
- 尾は毛が少なく、皮膚がじかに見える。
- かつてはフジミズラモグラ、シナノミズラモグラ、ヒワミズラモグラの 3 亜種に細分されていた。
- フクロウのペリットから頭骨が見つかることがある。

3 ハリネズミを探せ

　いよいよハリネズミの観察です。まず、ハリネズミの分布や生態の調査をするために、ナチュラリスト、各自治体、観光・宿泊施設、農家などへの電話による聞き取り調査を行いました。その結果、静岡県伊東市をハリネズミの観察地として選びました。
　観察に出かける前に改めてハリネズミはどんな環境に棲んでいるのか、どこを寝床にしているのか、何を食べるのか、何時頃行動しているのかなどを確認してから観察地に向かいます。

最初の挑戦

　最初に、ハリネズミが保護されているレジャー施設「伊豆シャボテン公園」を訪ね、実物を観察しました。大きさはどのくらいなのか、動きは敏捷なのかどうか、どんな歩き方をするのかなどを記憶に留めます。先にこれをやっておくと、実際に野外で観察をするときに楽なのです。園内では、ハリネズミのほかにも放し飼いのリスザルや、口先が尖っているブラウンキツネザルなどをじっくり観察できます。リスザルは昆虫が大好きで、群れで移動中でも、葉に付く昆虫を目敏く見つけては食べています。また、家族生活をするカピバラは齧歯類のなかで一番大きく、入浴シーンを見ているとほのぼのとします。
　次に、周辺の地域での聞き取り調査です。ハリネズミを見たことがあるか、見たという人には季節や時間、場所などを教えてもらいます。
　路上で車両に轢かれたりぶつかったり、側溝に落ちたりして死亡する「ロードキル」の多さには驚愕しました。特に、親離れした子どもたちが連れ立って行動したり、独り立ちしたりして分散を始める夏期に事故が際立っています。夜間は車や人の行き来が少なくなり、温もりを残した道路の路肩には徘徊性の昆虫が集まるため、ハリネズミにとっては容易に生餌のごちそうにありつける反面、身の危険を感じるとその場に伏せてしまうため不運な事故に遭ってしまうのです。
　夏場のゴルフ場では、夜行性のはずのハリネズミが昼間でも芝地に現れるそうです。体を紫外線にさらしてビタミンDの補給をしたり、フケやマダニを排除したりしているのかもしれません。芝の根を食害するセマダラコガネの幼虫を狙って芝を掘り起こすのではないかと心配しましたが、このゴルフ場ではハリネズミによる被害はないようです。
　夕方になるとゴルフ場を抜け出し、民家の庭先にやってくるハリネズミファミリーもいるようです。庭先の小鳥用に設置した給餌台からこぼれたヒマワリの種を拾い食いするうちに味を覚えたようです。
　昼間も見たという情報は意外に多くありました。ペット由来で人を恐れることもなく、餌

3　ハリネズミを探せ

多数のハリネズミが保護された静岡県伊東市。家屋やゴルフ場の周辺はハリネズミの棲み家になるhedge（生垣）が帯状に続いている。伊東市大室山より。

が得やすい人家の近くに棲みついているため目立つのでしょう。そのほか、ごみの集積場にやって来る、イチゴの栽培用ハウスに入ることがある、12月から3月まで冬眠する、冬眠しないのもいるなどいろいろな話を聞くことができました。

　さらに、聞き取り調査で得られた情報と、今まで多くの野生動物を観察してきたことによる自身の"勘"を合わせて生息範囲を絞っていき、生活痕跡を探します。ハリネズミが踏みしめた跡がないか、鼻先で押し分けるようにして餌探しをした跡がないか、糞が落ちていないかなどです。糞が見つかったら棒などでていねいにほぐして、種子や骨片など未消化物を調べます。その内容物で落とし主の見当をつけるのは、経験を積めばそれほど難しいことではありません。

　観察場所に選んだのは、木立が疎らなこぢんまり

ほどよく整備されている公園は、ハリネズミの棲み家と餌場の両方が得られる。

とした雑木林です。生活痕跡を探しているときに、ちょっと気になる穴を見つけました。緩い傾斜の雑木林には人の頭くらいのものからひと抱えもあるほどの大きさの溶岩が数個、調和よく散在しています。道路からは見えないのですが大きな岩の向こう側に、さらに大きな岩をどかした痕のような穴があり、落ち葉が積もっていたのです。雑木林の奥にある別荘は人気がな

このどこかにハリネズミがいる。人の生活圏は捕食者がおらず、ハリネズミにとって最適な生息環境だ。

くひっそりと静まりかえっています。夏に過ごした別荘を引き上げる前に清掃したらしく、雑木林は落ち葉が浅く積もり、ハリネズミが餌を探すにはもってこいの状態です。

　観察場所を決めると、日没前に撮影の準備をします。それはハリネズミに限ったことではなく、夜行性の野生動物の撮影ではいつものことです。日が沈んでからの準備は不手際が多くなり、何より、近くまで来ている動物にガサゴソと音を聞かせることになり、避けられてしまいます。準備万端で息をひそめ、こちらの気配を消さなければならないのです。

　キツネやアナグマなどの撮影のときは撮影用ブラインド（底がない小型テント）に入って待ち構えるところですが、ハリネズミはそれほど用心深くなく、動きも速くなさそうなので、三脚を黒布で被ってその後ろに身を縮めるようにして待つことにしました。いつでもカメラのシャッターを切れるように、見通せる範囲内のめぼしい物の位置を頭に入れて、予想

夜行性のアナグマ（左）やキツネ（右）もハリネズミと近接に生息していて、ともに捕食者になりそうな存在だ。アナグマはにおいを頼りにかなり見極めないと行動しないが、キツネはとっさの判断で深追いをする。

した通り道にはすぐにピントを合わせられるように何度も訓練をして突然の行動に備えます。

　やがて日が落ちて、夜のはじめ頃には陸風も静まり、ちょっとした音でも耳に入ります。ハリネズミとの遭遇が大いに期待できそうな晩で、落ち葉を踏み鳴らすかすかな音を聞き漏らすまいと耳をそばだてます。目は徐々に闇に慣れてきますが、1点を集中して見ているとわずかな光の影がハリネズミに見えたり、葉が落ちる音に身構えたりと緊張の連続です。

　ほどなく、狙いを付けていた穴の方向から下りてきたものが目に付きました。照明を当ててカメラを構えたと同時に風がひとしきり吹いて、雑木林の葉がざわざわと音をたてます。ハリネズミはのっそりと頭をもたげたとたんに別荘の方へ駆け出し、闇にまぎれてしまいました。

　それからは睡魔と闘いながらハリネズミが帰って来るのを待ちましたが、夜が白々明けるまでには戻りませんでした。一晩の観察では定住性なのか非定住性なのかを知るヒントを得ることはできませんでした。

再チャレンジ

　次に伊東市を訪れたのは4月の中旬。ハリネズミが冬眠から覚めて活動を始める頃です。

　観察地に選んだのは大室山の麓にある「さくらの里」です。標高581 mの大室山は国の天然記念物に指定されているスコリア丘の火山で、毎年山焼きが行われることでも有名な伊東市のシンボルです。お椀をかぶせたような形の山の麓にある「さくらの里」は知る人ぞ知るサクラの名所で、品種が多く9月から翌年の5月まで花を楽しむことができます。

　大室山ができた約4000年前の噴火のときの溶岩がこの公園では見られ、特に外周のサクラの木の下にはごろごろと転がっています。溶岩の間は暖かく、落ち葉がたまって餌になる甲虫などがいるし、ハリネズミがもぐり込める隙間もあります。また、園内のサクラや菜の花には多種のチョウやガが産卵をして、孵った幼虫のホストになるため、その幼虫や蛹もごちそうになります。ここで、夜になるのを待つことにしました。

伊豆のシンボル大室山。毎年2月に山焼きが行われる。

溶岩の隙間は棲み家や隠れ家になり、間に積もった落ち葉の下には、餌になる甲虫が集まる。

日が暮れて間もなく、溶岩の隙間をくぐり歩いてきたハリネズミ。

日が沈みました。春だというのに吹く風はまだとても寒く感じます。これではハリネズミは出て来ないのではと不安になるほどでした。

しばらくすると、かすかに「カサッ、カサッ」という音が聞こえてきました。じっと身動きしないでいると……、現れました。大きな「たわし」のようなハリネズミが岩の間を歩いてきます。ところが、ハリネズミはちょっと立ち止まると、鼻を上に向けてくんくんとにおいをかいだあと、急いで岩の隙間にもぐってしまいました。気付かれないようにしていたつもりですが、嗅覚が優れているハリネズミには、私たちがいることはお見通しだったのです。

その後も、何度かここを訪れたのですが、落ち葉を踏む音は聞こえるのに、姿が見られるのはライトで照らした一瞬だけで、すぐに溶岩の間にもぐってしまいゆっくりと観察をすることはできませんでした。

三度目の正直

季節は晩秋になり、ハリネズミもそろそろ冬眠の準備に入る頃です。このとき観察地に選んだのは、雑木林の間にある舗装されていない小道です。道の路肩には昆虫やミミズなどが集まるので、動物たちはよくつまみ食いをしながら、通り道に使います。ハリネズミもきっとやってくるでしょう。

薄暗くなりました。耳をすますと、落ち葉を踏む音が聞こえます。私たちが待つ反対側の雑木林を下りてきているようです。足音がだんだん近くなったところで、ピタッと消えてしまいました。数秒後、道を横断する3頭のハリネズミの影が見えました。そのうちの1頭は向こうへ行き、2頭はこちらへ向かってきました。どうやら子どものハリネズミのようです。

以前、タヌキで観察したことですが、親離れをした子どもたちは、しばらくの間、きょうだいで連れ立って行動したあと、それぞれ別れていきます。きっとこのハリネズミたちも、親から離れて間もないきょうだいなのでしょう。ひょっとしたら、この冬は一緒に冬眠をして、春に別れていくのかもしれません。

3 ハリネズミを探せ

大人の握りこぶしほどに育ったハリネズミきょうだい。きょうだいであっても体色の差が大きい。しっかりとした足取りで雑木林の斜面を登る。

ペアとよく間違えられるきょうだいのタヌキ。晩秋に親別れをすると、しばらくは連れ立って餌探しをする。

途中から2頭は雑木林の斜面を登り始めました。先まわりをしようと、私たちも登り始めたところ、その足音に驚いた2頭は体を丸めてしまいました。近付くと1頭はさらに丸くなり、そのため、事件が起きてしまいました。くるっとボールのように真ん丸くなった拍子に、斜面をコロコロと転がり落ちてしまったのです。急いで探したのですが、ハリネズミの体の色は、石にも、落ち葉にも、小枝にも似ていてなかなか見つかりません。残った1頭は、もう歩き始めてしまいました。一緒にいるきょうだいを離ればなれにしては大変だと思い、必死になって探しました。

　やっとの思いで、葉を身にまとって落ち葉に埋もれている姿を発見しました。革の手袋をしてそっとすくうとハリネズミはギュッと力を入れて、体をふくらませてさらに針を逆立てます。急いで、上にいるきょうだいのところへ連れて行きました。しばらくは警戒してうずくまっていましたが、危険のないことがわかると、また、2頭で歩き始めました。私たちの足音にも、それほど驚かなくなったようです。

　2頭が向かった先には大きな石がありました。石と地面の隙間を見つけると、頭から入っていきましたが、体が入るほど広くはありませんでした。そのあとも、斜面を登りながら、倒木の下や、木の根の間など、隙間があるともぐり込もうとします。休憩場所を探していたのかもしれません。

　やがて人家の垣根をくぐってしまい、それ以上彼らのあとを追うことはできませんでした。

音に驚いたのか、体を丸くして防御姿勢をとる。

転がり落ちたハリネズミ。針には落ち葉が刺さって、見つけにくくなる。

3 ハリネズミを探せ

丸くなっても遊びたい一心ですぐに解く。走ったり伏せたり、転んだり隙間にもぐったり、見ていて飽きない。

岩の下の隙間を見つけて、もぐり込もうとするハリネズミ。

鼻先でにおいをかぎながら落ち葉の下の小昆虫を探し始めた。虫食の強い雑食性で、歩きまわりながらこまめに拾い食いをする。

警戒中の行動「額隠して鼻隠さず」。あたりのにおいをかいで次の行動に移る。

3 ハリネズミを探せ

目的地に向かうときは大股で歩く。足は細いが意外に長く、後足長も4cmくらいある。

丸くなるとクリのイガに見えるが、最近は鼻先をつんと伸ばしたポーズが実ったニガウリに見えてきた。

歩く速度は意外に速い。針は小枝によく似ているので、一度見失うと見つけるのが大変。

3　ハリネズミを探せ

4 わが家にハリネズミがやってきた

　屋外の観察でわかったことは、ハリネズミはとても臆病な動物だということ。動きはそれほど速くないこと。あちこちにもぐってしまうこと。そして、その行動すべてが「かわいい」と感じられることでした。ではなぜペットとして飼われていたハリネズミが捨てられたりしたのでしょうか。それを知るために、実際に飼育をすることにしました。

　わが家にハリネズミがやってきたのは、2005年の春のこと。静岡県伊東市の大室山山麓で保護されたハリネズミを譲り受けました。プラスチックの小さな飼育ケースに入れられていたせいか腹這いになったまま「くたっ」として、顔がどこにあるかもわかりません。体には張りがなく、まるで「ナマコ」のような形をしていたのです。ともかく、まずは広いところへ出してやらなければなりません。用意しておいたウサギ用のケージに木の板で作った巣箱と、餌、水を入れて、そこへ放しました。最初は針を立てたままうずくまっていて、どちら側に頭があるのかさえわかりませんでした。10分くらい経って、やっと鼻の頭が出てきました。次に鼻先が出て、ヒクヒクと動かしながらにおいをかぎます。やがて口元が出て、顔全体が出て、頭全体が出ると、小走りで巣箱のなかに駆け込んでしまいました。その日、私たちが見ている間は巣箱から出てきませんでしたが、次の日の朝、餌がなくなっていたので安心しました。このハリネズミはいつの間にか家族から「ウニ」と呼ばれるようになりました。

　次にやってきたのは同年の秋、ウニと同様に保護された2頭の子どものハリネズミです。生息地で観察したハリネズミと同じように、親離れをしたあとのきょうだいのようです。いつも寄り添っていて喧嘩もしないので、その冬は2頭を一緒の巣箱で過ごさせることにしました。針の色から「黒いほう」「白いほう」と呼んでいるうちに、そのまま「クロ」「シロ」という名前になりました。

　こうして「ウニ」「クロ」「シロ」との生活が始まりました。

わが家にやってきた
ウニ・クロ・シロ

ウニ

3頭のなかでは一番なついていて、いろいろな行動を見せてくれる。

🦔 ハリネズミの飼育ケージ

飼育ケージをウサギ用のものにしたのは次の理由からです。

- 床にすのこが敷いてある。
  - ➡すのこがない場合、たまった尿が体に触れると体温を下げる原因になるうえ、不衛生。
- 側面の下半分くらいがプラスチックになっている。
  - ➡餌や水、糞尿がケージの外に飛び散るのを防げる。
- 側面の網の間隔が広く横棒が少ない。
  - ➡細かい金網状になっていると登ってしまい、落下や、爪が引っかかるなどの事故が起こりやすい。

飼育ケージには、外来生物法により飼養許可証を提示しなければならない。

飼育Point ヨツユビハリネズミの場合

プラスチックの衣装ケースのふたに穴を開けて通気性をよくすれば、ケージとして使えます。夏の暑さ対策や冬の寒さ対策を行ったりして、室温を20℃以上30℃以下、湿度を40%くらいに保つようにしましょう。

クロ

白い針がウニよりも少なめなので、全体は黒っぽく見える。

シロ

針の色が薄めで白い針も多いので、全体が白っぽく、やさしそうに見える。

5 ハリネズミの針

　ハリネズミには額から尻にかけての背中側に、体毛が進化した約6,000〜8,000本の針が生えています。ウニ、クロ、シロの抜けた針を調べると、長さは10〜22 mmで、多いのは18.0〜20.9 mmです。額の部分は長めの針で、尻周辺は短めの針です。針の色は、多くは黒、濃い茶、薄い茶、ベージュのグラデーションで、色の割合は針ごとに、また、個体によっても違います。ウニをベースにすると、クロは濃い茶色が多く、シロはベージュが多い色をしています。色つきの針とは別に、針全体がアイボリーホワイトのものがウニは約7％、クロは約6％、シロは2頭よりも多く生えています。

針の構造

　針の構造は薄い膜で複雑に隔てられ、なかには空気が満たされています。そのため、たくさんの太い針が生えていても重くはなく、緩衝材の役割も果たしています。先端は縫い針のように鋭く尖っていて、触り方によっては手に刺さり、血が出ることもあります。針の根元は「く」の字状に曲がっていて、端は毛根と同じように球状で皮膚のなかに埋まっています。

ハリネズミの針。収集したものは10〜22 mmで、18〜20 mmのものが多い。

全体が白い針と、有色の針。

左からウニ、クロ、シロの針。

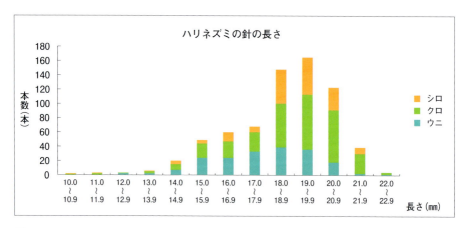

針が生えている部分の皮膚の内側には皮膚筋肉層と呼ばれる、背中の中心部より外側に向かって円を描くように層になっている筋肉（輪筋）が付いています。この皮膚筋肉層から各針の根元に小さな筋肉が伸びていて、この筋肉を縮めることで針が立つのです。また、皮膚筋肉層を収縮させることで、体を大きくふくらませたり、丸いボール状になったりして身を守っているのです。

　ボール状になるときは、皮膚筋肉層の一番外側、針のある部分とない部分の境目にある特に発達した輪筋と、額の部分に縦に2本ある筋肉を使います。まず、あごを引いて額の2本の筋肉を鼻の方に縮めて頭側の輪筋で顔を覆います。同時に手足を縮めながら輪筋全体をギュッと縮めて、針のない腹、顔、足をすべてつつみ込みます。巾着袋の口をキュッと閉めるような感じです。この輪筋は私たちの体にもあります。目の周りにある「眼輪筋」、口の周りにある「口輪筋」など、目や口を開けたり閉じたりするときに使う筋肉です。皆さんも試しに、目と口を思い切り閉じてみてください。意外に力が必要なことがわかると思います。

丸まりが緩んできたところ。針と毛の境にある発達した筋肉（輪筋）がわかる。

  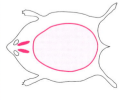

クロのフラットスキン。内側を見ると、イラストのように額に2本と針の縁に沿って太い筋肉があることがわかる。

針の立て方

　ハリネズミはいつも針を立てているわけではありません。普段はほかの動物たちの体毛と同じように体に沿って後方に寝かせていて、危険を感じたときに針を立てます。針の立て方にはいくつかあります。まず、いつもと違ったちょっとした何かを感じたとき、頭の方から順に軽く針を起こします。身のまわりで大きな動きを感じたり、大きな音を聞いたりしたときなどは、サァーッと背中全体の針を立てます。何かが体に触れたときは、背中だけではなく額の針も立てて、さらに額の筋肉を顔のほうに引き寄せて針を前方へ向けます。それに加えて、「シューッ、シューッ」と大きな鼻息をたてて威嚇をすることがあります。ウニが家に来て間もない頃は、餌入れを置くために手を伸ばしただけでこれをやられました。

　さらに危険を感じたときは、体を少しふくらませて「ゴッゴッゴッゴッ」という音をたてたあと、斜め前方に向かってボクシングのジャブのように何度も体を飛び出させます。それ以上に危険を感じたときは、額の針の部分で顔を覆い、体を大きくふくらませて伏せて針山のようになり、じっと動かなくなります。針は不規則にぴんぴんに立ち、革の手袋をしていないと触ることはできません。そして、ハリネズミの最後の手段は、腹まで完全に針で覆って、危険が去るのをひたすら待つのです。ハリネズミの生息地で、自動車に轢かれることが多いのは、地面の振動やエンジンの音に驚いて、路上で立ち止まったり、伏せたりしてしまうからなのです。

安心しているときは、体に沿って後方に針を寝かせている。

緊張すると針を額、背中、尻の順に「ゾワゾワーっ」と立て、額のハリを前方に向けて歩く。

少し驚いたとき。体を伏せて、額の針で顔を覆うと、針先は前方に放射状に立つ。

身の危険を感じると、腹部まで完全に針で包み込み、まん丸になる。

私たちに少し慣れてきたころのウニ。体に触れても丸まることはなくなったが、頭の針を少し立てて顔をしかめ、嫌そうにしている。

シロは腹に手を滑り込ませてすくい上げればこんなポーズもしてくれるが、数分後には体をよじらせたあと、くるんと丸まってしまう。

5 ハリネズミの針

シャイなクロはちょっとした音にも反応して針を立てるため、しかめっ面をしていることが多い。

眠っているときの針

　ハリネズミは針を立てたまま冬眠をすると書いてある本がありますが、冬眠中のシロや、普段寝ているときのハリネズミたちを見ると、針は寝かせています。ただ、寝ている間も感覚は働いているので、音を感じたり触れられたりすると針を立てます。試しに眠っているところに息を吹きかけたり、巣材に使っている新聞紙を触って音をたてたり、針に触れたりすると、3頭とも針を立てますが、少しくらいなら目を覚ますことはありません。冬眠中に針を立てているといわれるのは、ハリネズミを見つけるために落ち葉を掻き分けたとき、その音に反応して針を立てたハリネズミが見つかるからなのでしょう。

寝ているときは体の筋肉が緩んでいるので針は立っていない。これは巣箱のなかで眠っているところ。カメラのシャッター音に反応して少し針を浮かせた。

冬眠中のシロ。巣箱から出して手の上で転がしていたら、針を立ててパンパンにふくれてしまった。

 ヨツユビハリネズミの場合

　アムールハリネズミに比べると体が小さいためか、ヨツユビハリネズミの針の数は約5,000本、長さは20 mm前後といわれています。針の形、生え方、立て方はアムールハリネズミやナミハリネズミと変わりません。ただ、ペットのヨツユビハリネズミはアルジェリアハリネズミとの交配やその後の品種改良によって、針や体の色には90以上のバリエーションがあるといわれています。

針がたくさん抜けた

　ウニが家に来てから１カ月ほど経った５月中旬の朝、ケージのなかにたくさんの針が抜けていました。数えると、19本あります。それまで１〜２本が落ちていることはありましたが、こんなにたくさん抜けたのは初めてです。急いでウニの顔や体を見ましたが、特に変わった様子はなく、動きも普段通りでした。ところが次の日の朝も、また次の朝も針がたくさん落ちていました。連続して５日間、19本、21本、34本、26本、34本と抜けたのです。

　ハリネズミの針がたくさん抜ける原因としては、栄養不良、ヒゼンダニによる疥癬症、ヒョウヒダニやカビなどがあります。症状はほかにフケが多くなったり、目やにが出たりするので、ウニの体や行動を注意深く観察しましたがそのような症状はありません。体重の減少はなく、食欲もあり、排泄も普段通り、鼻の頭も湿っていて健康そうに見えます。

　それから約３年後の春、再び針が抜け始めました。最初は少し多いかな……くらいでしたが徐々に多くなり、１週間ほどは１日40〜60本抜け、多いときは70本を超える日もありました。ただ、１カ所からごっそりと抜けることはなく、外見も全く変わりありませんでした。この間に指にケガをして少し元気がない日もありましたが、このことがどう影響しているかはわかりません。

　シロとクロが家に来てから１カ月と少し経った頃、６日連続でたくさんの針が抜けました。針の色から判断するとシロの針のようで、全部で169本にもなりました。シロの体をよく見ましたが、外見も体調も異常はありませんでした。

　シロとクロはその年に生まれた、子どもの個体です。初めて生えた針が生え換わることが考えられますが、シロだけというのは不思議なことです。

　クロは家に来てから１年半後に針が抜け始めました。ウニとシロに比べると抜けている期間が少し長めです。まず、５月の中頃に２日連続で30本、15本。６月下旬に５日連続で39本、41本、43本、24本、33本と特に多く、その前後でも10〜15本抜ける日が数回ありました。このときもクロの体に異常はありません。その後は数本の針が落ちている程度で、何十本も抜けることはありませんでした。シロとクロの違いはメス、オスの違いなのでしょうか。

　３頭ともに一度にたくさんの針が抜けたことの理由は、ストレスだろうと結論付ければ簡単ですが、クロは１年半も経ってからですし、ウニは私たちにずいぶんと慣れていたのであまり考えられません。また、体調や外見に異常は見られなかったため、古くなった針が抜けて新しい針に生え換わる自然な現象で、単にその時期が重なっただけと考えてもいいのかもしれません。

6 ハリネズミの食べ物

　ハリネズミの飼育で一番心配したことは、餌です。何をどのくらい与えたらいいのか、よくわかりませんでした。そこで、よく研究されている同じ属のナミハリネズミの生態を本やインターネットで調べたり、ペットの本に載っているピグミーハリネズミの飼育方法を参考にしたりして、少しずつ改良することにしました。

　主食は簡単に手に入るドッグフードです。硬いタイプのものは水や牛乳で湿らせてやわらかくしたほうがいいとあるのでそうしてみたら食べず、硬いままのほうをカリカリと音をたててよく食べました。噛み砕いたときに口からこぼれ落ちるので、子犬用のほうが小粒でいいかと思い与えたところ、下痢をしてしまいました。果物は、イチゴ、ナシ、ブドウ、リンゴなどを与えてみましたが、リンゴを少し食べただけでした。そこで、毎晩与える餌は、成犬用の低脂肪高タンパクのドッグフード、小さく切ったリンゴ、カルシウムと塩分補給のための煮干、別の容器に少量の水が定番となりました。それに、時々チーズやミルワーム（チャイロコメノゴミムシダマシという甲虫の幼虫）などを加えます。

クロ、新聞紙を食べる

　あるとき、数日の間、クロの糞のなかに見慣れないものがありました。それも少なくありません。糞分析をしてみるとそれは新聞紙でした。なぜそんなものを食べたのでしょうか。思い当たるのは、観察地でみつけたハリネズミの糞に繊維質が含まれていたことです。観察地の公園には菜の花がたくさん咲いていたことを思い出しました。ハリネズミは繊維質をとるために植物を食べているのかもしれません。そこで、庭にあるアブラナの葉をちぎって餌に混ぜました。また、観察地での聞き取り調査のとき、「ヒマワリの種を入れた野鳥用の給餌台の下にいることがある」という話を聞いたので、ヒマワリの種も数粒混ぜてみました。

　翌朝、それぞれの餌入れを見ると、アブラナの葉も、ヒマワリの種も全部食べていました。そして糞には、かみくだかれたヒマワリの種の殻が、消化されないまま混ざっていました。少しずつ量を増やしてい

シロバナタンポポの下に隠れている小昆虫を探すシロ。

き、ヒマワリの種を10粒くらい食べるようになると、クロの糞に新聞紙は交じらなくなり、私たちは胸をなで下ろしたのでした。

餌の食べ方

　ヒマワリの種の食べ方は変わっていて、1粒口に入れて奥歯でカリッと割ったあと口から外に出して中身だけを拾って食べます。ウニは意外に器用で、舌を使って殻だけを外に出すこともできます。3頭とも殻の部分は食べたり食べなかったりまちまちです。

　ヒマワリの種は冬から春にかけてはよく食べていましたが、夏になると全く食べなくなりました。その代わりに、リンゴをたくさん食べるようになりました。それと同時にドッグフードの量が減り、体形もスリムになりました。

　初冬になると、食べる量は全体的に増えてきます。ヒマワリの種を加えると、シロはよく食べましたが、クロとウニはあまり食べません。メスは脂肪分を多くとりますが、オスは少なくてもいいのかもしれません。クロが新聞紙を食べることもないので、植物繊維は、リンゴを食べることで足りているのでしょう。

自然の餌を与えてみた

　間食には、野生だったら食べているだろうと思われるものを与えました。

　さて、ハリネズミは野生の状態では主に何を食べていると思いますか？　モグラの仲間なのだから最初に思い浮かぶのはミミズでしょう。ところがミミズを与えてもあまり食べません。そのまま残っていることもあります。なぜでしょうか。コウベモグラやアズマモグラなどは地下に長いトンネルを掘って暮らしています。ミミズは土のなかを移動している間にこのトンネルに落ちてしまいモグラの餌となるのです。地上で餌探しをするハリネズミにとってはミミズに出会う確率が低いため、主な餌にはなっていないのでしょう。

　それではハリネズミは何を食べているのでしょうか。イギリスで庭に来るハリネズミが喜ばれているということから考えてみましょう。ヒントは、イギリスではガーデニングが盛んだということです。さっそく家の庭の小さな花壇を観察します。ハリネズミの目線で見たり、落ち葉をひっくり返したり、ちょっと土を掘ってみたりしてみると……。季節によって変わりますが、カタツムリ、ナメクジ、カマキリ、バッタ、コオロギ、オサムシ、シデムシ、ダンゴムシ、ワラジムシ、ハサミムシ、ムカデ、ヤスデ、甲虫の幼虫、羽化に失敗したセミなどのほか、名前を知らない虫たちもたくさんいます。これらを捕まえてハリネズミに与えてみることにしました。すると、ドッグフードを食べるときはゆっくり、のんびりと食べるのに、これら自然の餌を食べるときは、こんなに速く動けるのかと驚くほどの勢いで餌に向かっていきます。ハリネズミは視力が弱いといわれていますが、逃げまわるあとを確実に追いかけているので、近くのものはしっかりと見えているのでしょう。

自然の餌の食べ方

- カタツムリ➡そっと近付いてにおいをかいだあと、殻の渦巻きの途中をかじって割り、出てきた中身を前足で押さえて、引きちぎるようにしながら食べる。
- 甲虫類➡においをかいだあと、コアオハナムグリなど小さいものは舌ですくい取るように口に入れ、シロテンハナムグリやカナブンなどは口で捕まえて食べる。鼻につかまれることが多く、前足で払いのけながら食べる。庭に多いアオオサムシなどは逃げるあとを走って追いかけて捕まえる。前足で押えても口に入れるときは放すので、その間に逃げられることがある。
- セミ➡においをかいでいる間に逃げられてしまうことが多い。逃げるあとを追いかけて、口で捕まえて食べる。大きいのでかみちぎって2〜3回に分けて食べる。
- ムカデ➡飛びかかって口で捕まえて食べる。鼻先にまとわり付くので、前足で払いのけながら食べる。

カタツムリは噛み砕いて中身を出し、前足で押さえて引きちぎるようにして食べる。

噛み砕かれたカタツムリの殻。

ムカデはケージから逃げ出して人を噛むと困るので、弱らせてから与えました。カマキリやバッタには「ハリガネムシ」という寄生虫が体のなかにいることが多く、ナメクジは扱いにくいのであえて与えませんでした。また、タカチホヘビの幼蛇の死体を見つけたので与えたところ、においをかいだだけで食べませんでした。

ハリネズミはとても器用に舌を使って餌を食べます。餌を噛み切ったり咀嚼したりするのは奥歯で、口のなかに入ってしまう小さな餌は舌でつまみとって口に入れます。オサムシ、シロテンハナムグリ、カナブンなどの甲虫類やセミなど大きな餌のときは、いったん切歯で押さ

ムカデはほぼ丸呑みにする。足が顔にまとわり付いて食べにくそうだ。

え込み、左右の臼歯で交互に噛み切ります。このとき、口からはみ出た部分が左、右、左、右と振り子のように動くので愉快です。

　カタツムリの殻は中身を潰さないようにうまく割り、殻をよけながら食べていました。その様子からするとナメクジも好物なのかもしれません。ナメクジなどはほかに食べる動物などおらず独り占めできそうに思えますが、実はライバルがいます。ハクビシンの剖検をしたところ、胃袋いっぱいにナメクジが入っていたことがありました。ハクビシンは中国原産の外来種で、新型肺炎（SARS）騒動で一気に注目を浴びました。特定外来生物ではありませんが、静岡県をルーツにして長い潜伏期を経て、全国的に生息域を拡大しています。

そのほか、ハリネズミが食べるとされているもの

　ハリネズミの食べ物の例として、カエル、ヘビ、ネズミ、小鳥などを挙げている本があります。弱っていたり、死んでいたりしたものを食べることはあるでしょうが、野外で、生きているそれらを捕まえて食べるほど、ハリネズミはすばしこくはありません。ヘビに威嚇などされれば針を立てて伏せてしまうでしょうし、野ネズミの走る速さには追いつけません。また、ニワトリの卵を盗んで食べるともいわれていますが、ハリネズミの口は、ニワトリの卵をくわえられるほど大きくはないので盗み出すことは不可能です。それについては次のようなことが考えられます。

- 偶然、ひびの入った卵を見つけて食べてにおいと味を覚えた。
  ⬇
- 嗅覚が優れているので、卵のにおいを頼りにニワトリ小屋に入り、卵を鼻でつついて転がしたり前足でおさえたりしているうちに割れて、食べることができた。
  ⬇
- ニワトリ小屋へ向かうルートと卵の割り方を覚え、繰り返し卵を食べるようになる。

　これはあくまでも私たちの想像です。実際はどのような様子だったのかはわかりませんが、ハリネズミが入り込めるような隙間があるのならば、ほかの動物たち、例えばイタチやヘビなどはもっと頻繁に出入りしているでしょう。それと、放し飼いをしているニワトリ小屋では、メス同士がけんかをしないようにオスのニワトリを一緒に飼うのが普通です。オスのニワトリは気が強くて、人にも向かってくることがあります。前にも書きましたが、相手に威嚇されたハリネズミは、その場に伏せてしまいます。落ち着いて食べることなどできず、そんなところを好んで餌場にするとは考えられません。ただ、野外で地面に直接巣を作る野鳥の卵を食べることはあるかもしれませんが、その場合も卵を狙うのはハリネズミだけではありません。

野生のハリネズミの餌

　地表近くや落ち葉の下に集まる昆虫類やムカデ類、小型の両生・爬虫類、陸生貝類などが野生のハリネズミの餌。弱ったり死んだりしたものも食べる。在来のモグラ類の餌とも重なり、生息地によっては餌の取り合いになることが心配される。

アオオサムシ

マメコガネ

セマダラコガネ

クロカナブン

コアオハナムグリ

シロテンハナムグリ

　ウシの乳を飲むという話もあります。ハリネズミが冬眠をしていない季節のときにだけウシの乳首に傷がつくのだそうです。これもハプニングで、横になって休んでいるウシの近くで餌探しをしていたハリネズミが、においに誘われてウシの乳首から染み出ている乳を舐めているうちにもっとほしくなり、つい、カプッと噛み付いてしまったのだと考えられます。飼育担当の悦子も2度ほど指をかじられそうになったことがあります。普段から手のにおいをかがせているので、鼻先に指を近付けるとにおいをかいだりペロッと舐めたりするのですが、チーズをつまんだ直後でにおいが残っていたために、ペロッと舐めたあと、ゆっくりですが口を開けて指に向かってきたのです。2度目は、指先にドッグフードを乗せて食べさせていたときです。においで餌と指の区別がつかなくなったのか、明らかに指先を狙って口を開けたのです。ハリネズミが視覚よりも嗅覚に頼って餌探しをすることが、特別な実験などしなくても、これらのことでわかります。

6 ハリネズミの食べ物

アブラゼミ幼虫	ヒナバッタ	ハラビロカマキリ幼虫
オナジマイマイ	ニッポンマイマイ	ミスジマイマイ	ヌマガエル
オカダンゴムシ	タカチホヘビ幼蛇	ミミズ	ナメクジ

飼育Point ヨツユビハリネズミの食べ物と糞

　主食には、ハリネズミ用に配合された専用ドライフードやキャットフード、ドッグフードなどが使われます。それに副食としてミルワーム、コオロギ、ゆで卵、チーズ、野菜、果物などを様子を見ながら与えます。野外にいる昆虫やミミズなどは、寄生虫や農薬の心配があるため注意しましょう。糞はアムールハリネズミとほぼ同じです（p.66 参照）。体調管理のために色や形は毎日チェックしましょう。

落ち葉の下にはゴミムシ類やコガネムシ類、陸生貝類などが隠れている。

花壇の土のにおいをかいで、甲虫の幼虫やガの蛹などを探す。

6 ハリネズミの食べ物

有毒で、葉を擦るとタマネギのような強いにおいのするハナニラの間でも気に留めずに餌を探す。

昆虫はあまり訪花しないフユシラズだが、その下には春を待ちわびた虫たちが集まるのか、鼻先を泥だらけにして土を掘っていた。

7 ハリネズミの糞

　糞は食べたものが食べた順に出てくるので、形や色、大きさなどが大きく変わります。ドッグフードを食べたときは茶色のソーセージ状の糞で太め、一緒にリンゴを食べたときは時々リンゴの皮が混じります。煮干を食べたあとは黒く細く短い糞。甲虫やムカデを食べたあとは、嚙み砕かれた硬い角皮（クチクラ）が混じって光沢を帯びていることがあり、セミを食べたあとは、セミのまん丸い目を確認できることがあります。昼頃食べたものは夜の最初の糞として排泄されますが、あまり消化されておらず、カナブンが嚙み潰されたままの姿で出てきたこともあります。

　3頭とも排泄をするときは、敷いてある新聞紙の下によくもぐり込みます。動物は、排泄のときに無防備な体勢になることが多く、ハリネズミも糞のときは頭を低くして尻を突き上げ、尿のときは後ろ足を大きく横に広げます。時間もイヌやネコに比べると長くかかります。少しでも危険を避けるために、野生の場合も藪のなかなど身を隠せるところで排泄をすることが多いのかもしれません。ということは、ハリネズミの尿にはマーキング（におい付け）の役割はないのかもしれません。

尾を上げて、尻を突き出すようにして糞をする。これはドッグフードを食べたあとの糞。茶色で太く、ねっとりしている。

野生のハリネズミの糞。繊維質が含まれている。

セミを食べたあとの糞。黒くて細く、硬い。

ハリネズミが食べたものはあまり消化されずに排泄されるが、カナブンが1匹、ほとんど原形のまま糞になったのには驚いた。

8 体重測定

体重測定の様子。箱から飛び出すことはないので量りやすい。

飼育する動物の健康管理のひとつとして、体重を測るのは大切なことです。餌の量をコントロールするほか、体調などもわかるからです。

ハリネズミは急にあばれたり逃げ出したりしないので、体重測定は意外に簡単です。ハリネズミは体を動かし始めると排泄をするので、まず、巣箱からケージにしばらく出しておきます。そして排泄が済んだものから順に体がすっぽりと入るくらいの箱に入れて秤に乗せるのです。

3頭のハリネズミの体重の変化を見ると、2006年12月までは似たような増減をしていることがわかります。飼育を始めてしばらくは、急激に増えます。運動量は減るのに、餌の適量がわからず、残すほど与えてしまうため、毎日お腹いっぱい食べることができるからです。また、ウニを飼い始めた最初の頃は主に普通のドッグフードに頼ってしまったため、半年で倍の体重になってしまいグルーミングのときに体をひねるのが大変そうでした。

ドッグフードを低脂肪のものに変え、体重の増減や餌の残り具合を見て、量をコントロールしたり、煮干やリンゴなどを与えたりするようになると、体重は次第に横ばいとなりました。さらに2007年初夏からはリンゴと煮干をたくさん食べるようになり、ウニとクロはドッグフードの量が減って体重は減少しています。体調に変わりはなく、体が身軽になったためか、グルーミングも楽にできるように感じられます。

ただ、シロの体重はほかの2頭とは違っていました。1～2月に急に減っているのは、シロが冬眠をしてしまったからです。同じ条件で飼育しているのに、シロだけが体温を下げて眠ってしまったのです。眠りから覚めると急に食欲が増して、ウニとクロの1.5倍くらい食べ、あっという間に体重が増えて2頭を追い越してしまいました。冬眠とその後の体重増加が、繁殖が可能となったメスにみられる生理的な現象なのかとても興味深いことです。

適度な運動も健康管理のひとつ。晴天の日はほぼ毎日、1時間前後の散歩を行う。

散歩中のウニ。慎重に歩くクロやシロと違って、ウニはいつものルートならばひと通りにおいをかぐと、あとは大股でずんずんと歩く。

植物の根際や横たえた枝の下には大好きな小昆虫が隠れている。

飼育Point ヨツユビハリネズミの体重測定

　ハリネズミの体重測定は簡単に行うことができます。体がすっぽりと入る容器に入れて秤にかければOKです。数値をグラフにしておけば、餌の量や運動量のコントロールに役立ちます。毎日行う必要はありませんが、飼育を始めた頃は1週間に1回、その後は1カ月に1回くらい、掃除のついでにちょこっと測ることを習慣にしましょう。ちなみに野生のヨツユビハリネズミは300〜500ｇ、飼育下では900ｇにもなることがあります。

9　夜のはじめはグルーミングと排泄とあぶく塗り

　ウニは夜、巣箱から出てくると、グルーミング（毛づくろい）をします。後ろ足の人差し指を使って、背中、腹、顔など体中をていねいにブラッシングします。目のなかに爪が入ってしまうのではないかと心配になったこともありますが、予想以上に器用で驚きました。背中や腹をグルーミングするときは針の部分を伸ばしたり縮めたり、雑巾をしぼるようにねじったりすることで、「かゆいところに手が届く」のです。普段は針で隠れている尻や腹が見えたときは、体毛の薄さとやわらかさにびっくりしました。時々、前足の指の間をペロペロと舐めてきれいにします。最後にイヌやネコのように体をぶるぶると振って終了です。

　次に排泄をします。糞はケージの壁に尻がくっ付くくらいに近寄ってすることが多く、尿は後ろ足を大きく横に開いてします。このあと、餌を食べたり、またグルーミングをしたりしますが、時々おかしな行動を始めることがあります。

　それは糞より先に尿をしたときのことです。尿の臭いをかいだり舐めたりしたあと、頭を下げて口のなかで「くちゃくちゃ」と音をたてました。次に腹這いになって前足で体を支え、頭を背中のほうにねじって長い舌で針に泡を塗り付けるのです。「くちゃくちゃ」していたのは唾液を泡立てていたのです。2〜3回泡立てと泡付けを繰り返します。おもしろいのでじっと見ていると、途中で止めてしまいます。この行動は何なのでしょう。このおもしろい行動に「あぶく塗り」と名付け、しばらくの間、注意深く観察することにしました。

後ろ足の人差し指の爪を使って器用にグルーミング。頭(①)、顔(②)、腹(③)、背中(④)をかいているところ。

ウニの「あぶく塗り」

　ウニがあぶく塗りを始めるのは、ほとんどが夜、巣箱から出てきて尿をしたあとです。でも、それ以外にも始めることがあります。巣箱から出てきてすぐに餌入れに向かい、普段餌にしているドッグフードや煮干を口に入れたあとや、ムカデや甲虫を食べたあと、庭を散歩させているときにダンゴムシのような小さな甲殻類を食べたあとでした。そのほかには、ケージのなかにベビーパウダーをこぼしてしまったときです。少量だったのでそのままにしていたのですが、出てきたウニは、くんくんとにおいをかいで、ベビーパウダーが付いているところの新聞紙を引っかいたり鼻を押し付けたりしました。そのあとそこへ尿をして新聞紙を前足ではがし、すのこの間を舐めたり、鼻を押し付けたりしたあと、「あぶく塗り」を始めました。また、私たちがシャンプー後の髪をドライヤーで乾かしているときや、整髪料や制汗剤をスプレーしたときは必ず巣箱から出てきて「あぶく塗り」を始めます。

体をねじってあぶくを背中の針や脇の体毛に塗りつける。

クロとシロの「あぶく塗り」

　クロとシロは人前ではめったにあぶく塗りをしません。でも、つやのある背中の針が1〜2カ所、部分的に汚れていることがあったり、口の周りに白い泡が付い

塗りつけたあぶく。

ていることがあったりするので、私たちが見ていない夜中などに行っているのでしょう。実際にクロとシロのあぶく塗りを見たのは、クロがシロの尻のあたりのにおいをかいだあとと、シロが甲虫のハナムグリを食べたときにウニの尻のあたりの針を噛んだりにおいをかいだりしたあとのことでした。

「あぶく塗り」の新発見？

　あぶくを体に塗る行動は「香油塗り」「アンティング」「泡つけ」「塗油」などと呼ばれています。タバコ、石鹸、靴墨、キャットフードなど「普段かいだことのないにおい」や「強いにおい」をかいだり舐めたりすると、口のなかに多量の泡状の唾液が出てきて、それを舌で針に塗りつけるのだということです。そして、始めると夢中になって、触られてもやめないともいわれています。ところが、わが家のハリネズミのあぶく塗りの様子を観察していると、これらと違っている点に気がつきました。

　1つ目は、初めてかぐにおいだけでなく、毎日食べる餌や排泄する尿、前に食べたことのある昆虫などでも行うことです。また、見られていることに気が付くと、多くは途中で止めてしまいます。

　2つ目は、何かを食べたあとのあぶく塗りについてです。口のなかで噛み砕いたものを飲み込まずに、それに泡を混ぜ合わせて針に塗っていたのです。背中の針が部分的に泥を塗ったように汚れるのは、このためでした。

　3つ目は、あぶくの素は乳白色のねっとりした液体で、上の切歯のあたりから出ていることです。ちょうど、イチゴを食べるときにつけるコンデンスミルクのような色と粘り気をしていて、唾液とは全く違って見えます。それを舌の先で練って泡立てて針に塗っているのです。それを見たとき、モリアオガエルが産卵のときに、メスが出す粘液をオスが後ろ足でかき混ぜて白い泡状の大きな卵塊を作ることを思い出しました。

モリアオガエルの産卵。

ウニのあぶく塗り

噛み砕いた甲虫を混ぜ合わせてあぶく塗りをした。鼻の下にある2本のクリーム色のすじと、切歯の間から出ているあ

9 夜のはじめはグルーミングと排泄とあぶく塗り

散歩中、ダンゴムシを口に入れた直後のあぶく塗り。泡立てが足りず、ねっとりしたまま塗っていた。あぶくの素が鼻の下にたまっていることがわかる。

> **飼育Point　ヨツユビハリネズミのあぶく塗り**
>
> ヨツユビハリネズミもアムールハリネズミと同様にあぶく塗りをします。何冊もの本を読みましたが、いずれもその行動の理由は不明とされています。ですから、どんなときにあぶく塗りを始めるか注意深く観察してみてください。新たな発見があるかもしれません。

ぶくの素がわかる。頭を背中のほうにねじって長い舌で針に泡を塗り付ける。

ヤコブソン器官

　ハリネズミのあぶく塗りは、口蓋にある「ヤコブソン器官」というにおいや味を感じる嗅覚器とその分泌物が関係しているのだそうです。このヤコブソン器官は、ハリネズミだけにあるものではありません。ハリネズミ以外の哺乳類、両生類や爬虫類にもあるものがいます。例えば、ヘビが舌をチロチロと出し入れして、空気中のにおいや温度を舌につけて獲物などを判断する、ネコがマタタビを舐めたりかいだりして酔う、交尾期にオスのウマなどが異性の尿をかいだときに上唇を反らして歯を出すフレーメン反応なども、ヤコブソン器官が関係しています。

　ヤコブソン器官は鋤鼻器（じょびき）とも呼ばれる一対の筒状の器官です。普段鼻でかいでいる「におい」ではなく、「鼻ではかぐことのできない化学物質のにおい」を感じとるもので、哺乳類の場合、発情期にフェロモンなどを感じる器官だといわれています。普通は鼻腔と上あごの間にあり、管で鼻腔か口腔（上の切歯の裏側）に通じているため外からは見えません。

　わが家のハリネズミたちを観察していると、より多くのにおいをヤコブソン器官に取り入れるためなのか、よく鼻を上に向けてヒクヒクとさせています。そこで、ちょっと気になることを見つけました。ハリネズミの上の切歯は真ん中に下の切歯2本分くらいの隙間があるのですが、鼻の下から上の切歯の隙間に向かって、クリーム色をした2本のカプセル状の筋があるのです。位置から考えるとヤコブソン器官の一部のように思えますが、調べた資料のなかには、ハリネズミのヤコブソン器官が露出しているということはどこにもありません。ただ、ハリネズミのヤコブソン器官は、異性が発情しているかどうかを感じるだけではなく、体にあぶくを塗るというほかの動物には見られない変わった習性にも関係しています。また、餌を見つける能力も優れているといわれるので、ほかの哺乳類とは違う形で進化したとしても不思議なことではないと思います。皆さんはどう思いますか？

においをかぐときは鼻の頭を突き上げて切歯をむき出しにして、上下に小刻みに動かす。

9 夜のはじめはグルーミングと排泄とあぶく塗り

いつもの散歩コースから外れると、においをかぐことが増える。

あぶく塗りの目的

　では「あぶく塗りは」何のために行うと思いますか？　答えは「よくわかっていない」のです。一般的にいわれているのは、
- 泡には毒が含まれているので毒針ができる
- 泡のにおいで敵が近付かないようにする
- 寄生虫がつかないようにする
- 針を掃除する
- 針に防水効果をつける
- 異性を引きつける
- 周りの環境に自分をとけこませる

などです。

　でも、実際にハリネズミの行動を観察していると、どれも「果たして本当かな？」と感じることばかりです。あぶくを塗る前に周りを警戒することはないし、塗っているときの姿は、完全に無防備です。敵に襲われないようにするために、わざわざ敵に襲われやすいことをするでしょうか。また、あぶくを塗るところは部分的なので、防水効果があるかわからないし、掃除をするどころか、逆に汚くしてしまうのです。

　そこで、ハリネズミの行動を思い出して、私たちなりにあぶく塗りの目的を考えてみまし

カントウタンポポの花の間をわざと突き切るシロ。

た。その答えは、自分が行動したり、ほかのハリネズミに自分の存在を知らせたりするための「マーキング」です。

　ハリネズミを散歩させようと庭に出すと、最初はくんくんと周りのにおいをかぎながら慎重に歩きます。でも一度通ったところは、何のためらいもなく歩きます。それは数日経っても変わらず、自分が行動した範囲内であれば、警戒する様子はありません。さらに、歩くルートがほぼ同じなのです。よく見ると、途中には植物や石など体が触れるところが必ずあります。ということは、針に塗ったあぶくの乾いたものが、触れたところに付いたり、擦れて地上に落ちたりするのでしょう。あぶくに固形物を混ぜておけば、それはより効果的です。本人のヤコブソン器官から分泌されたものであれば、そのにおいは記憶済みで、ハリネズミは意識しなくてもそのルートをたどれるのではないかと思います。

　そういえばおもしろいことがありました。「ハリネズミはどのくらいの幅を通ることができるのかな？」と思って、ボケの木の根元にウニを連れて行きました。ボケは根元から細い幹が何本も出ているのですが、1カ所、6cmくらいの隙間があるところがあります。でも何度挑戦しても、ウニはボケの幹の間を通らずにUターンしてしまいます。狭くて通れないのかなと思ったのですが、あることを思い出しました。ハリネズミを散歩させていると、もぐり込めそうなところや暗い方向へ行きたがるのです。観察しやすい場所を選んだため、私たちが太陽に背を向け、ウニが日の当たる方へ向かう位置になります。そこで、幹の反対側にウ

福寿草の茎葉の際や、隙間を通ったりして、植物や石、板などに針を触れさせながら歩くウニ。

ニを連れて行きました。そうしたら、するするっとボケの間を通り抜けたのです。ウニから見たら、明るいほうから暗いほうへ向かったことになります。その後もう一度、最初何度もUターンした方へウニを連れて行きました。「明るいほうへ向かうのは嫌なのだろうな、またUターンするのだろうな……」と思いながら見ていたら、今度は、まっすぐ歩き始め、途中ボケの幹のにおいをかいで、一気に通り抜けたのでした。最初には見られなかった行動です。においをかいだ位置は、ウニがよくあぶくを塗る針が触れた幹です。針から幹に付いたにおいを感じて、そこを通っても安全だという判断をしたのでしょう。そして2回目からは、においをかがなくても通るようになったのです。

　また、こんなこともありました。シロのケージの扉を開けておくと、巣箱から出てきたシロは、ケージの外のにおいをしばらくかいだあとゆっくりと外に出ると、くんくんとにおいをかいだりグルーミングや身震いをしたりしながら部屋の隅に行き糞をすると、立ち止まることなくまっすぐケージに戻り巣箱に入って行きました。

　ヨーロッパでは、盲目のハリネズミが巣から1km以上の距離を歩いて、餌が出されている庭を1軒ずつまわっていたということも観察されています。目が見えなくても容易に目的地にたどり着けるのです。

　ハリネズミを観察していると、尿をスプレーしたり、体をこすりつけたりしてにおいを付けるマーキングは行っていません。でも、眠ったり、冬眠したり、食べたり、オスとメスが出会ったりなど、生きていくためには、自分が行動する範囲に「しるし」を付けておかなければなりません。ハリネズミは、グルーミングをしたり植物などに体を触れながら歩いたりすることで、針に付けたあぶくの粉を落とし、においを付けているのではないかと思います。

ボケの木の間を通り抜けるウニ。逆方向からはくぐらなかった。

針が触れた部分のにおいをかぐウニ。この後、ここを通り抜けた。

すでにウニが通っているからだろうか、クロもシロもちょっとにおいをかぐと難なく通り抜けた。

9 夜のはじめはグルーミングと排泄とあぶく塗り

木の間を通り抜けるシロ。

10 岩登りと柵越え

　ハリネズミの体形を見ると想像がつかないと思いますが、ハリネズミはひとかどのロッククライマーなのです。

　静岡県伊東市での観察のときのことです。こちらに気づいたハリネズミは庭の隅のほうへ向かい、大きな石の下にもぐろうとしました。でも、もぐり込めるところはありませんでした。すると、今度は石に前足をかけて、よじ登ろうとしたのです。石は垂直で、背は届きません。登ることなどできないだろうと見ていると、するするっと登ってしまいました。そういえば、ハリネズミを最初に見つけたのは、溶岩が重なり合っているところでした。こんなところでどうやって移動するのだろうと思っていたのですが、溶岩の表面はゴツゴツザラザラしているので爪が引っかかりやすく、簡単に登ることができそうだし、岩の隙間はトンネルのようになっているので移動は簡単なのかもしれません。

岩登りをするハリネズミ。少しくらいせり出していても、爪が引っかかれば登ることができる。

10 岩登りと柵越え

　わが家の庭で散歩中のウニは、「柵越え」を見せてくれました。岩登りができることは伊東市で観察済みだったので、庭に放すときの囲いは爪が引っかかる金網ではなく、表面が滑らかになっている園芸用の柵を使っていました。これなら爪が引っかからないので登ることはできないだろうと思っていたのですが、この柵を楽々と乗り越えてしまったのです。

　問題は高さにありました。ハリネズミが思い切り背伸びをすると、前足が柵の上に届いたのです。でも後ろ足はすべって引っかかりません。どうやったかというと……。

　まず、柵に沿って立ち上がり、前足を伸ばして柵の上に引っかけます。次に額の筋肉、針の周りの筋肉を縮めながら前足を曲げて体を引き上げます。柵の上に頭が届くと、前かがみになりながら、さらに体の筋肉を縮めます。後ろ足が柵の上にかかると頭を丸めるようにしながら、反対側へ転げ落ちます。ちょうど鉄棒で懸垂をしたあと手を離しながら前転をするような方法ですが、落ちても針の内側の筋肉がクッションになり、ケガをすることはないのです。このようにハリネズミは、敵から身を守るための体のしくみを、物に登ったりケガを防いだりすることにも利用しているのです。

日光浴で使う柵を乗り越えようとするウニ。前足がしっかりと引っかかると輪筋を縮めて体を引き上げ、向こう側へ転がり落ちる。

岩や石から下りるときは後足で体を支え、前足の指を大きく広げて爪を立てて体を伸ばしていく。

石のきわで食べ物を探すクロ(左)と、石の上から下りる場所を探るシロ(右)。

10 岩登りと柵越え

11 巣穴掘り？ 「ウニ」の穴掘り

　夏、ウニを花壇のふちで散歩をさせていたときのことです。柵が傷んではがれていたところを見つけると、においをかいだあと、前足で土を崩し始めました。しばらく見ていたのですが、いつまでたってもやめません。これでは散歩にならないので、少し離れたところに移動させました。ところがウニは、手を離した途端一目散に同じところへ向かい、また、土を崩し始めたのです。何度場所を移動させても同じことを繰り返します。どうやら、穴を掘ろうとしているようです。これまで見られなかった行動で、めったにない観察のチャンスです。そのまま見守ることにしました。

穴掘り1日目
　ウニは鼻で土をかき分けてにおいをかいだあと、前足で土をかき出します。次に後ろ足でその土を後方へ押し出します。その力は強くて、土が1m以上後方へ飛ぶこともあります。最初のうちは表面の土だったので乾いた大粒の塊でした。でも掘り進んでいくうちに、だんだん湿った細かい土になっていきます。途中、カリカリという音がしたあと、植物の根が出てきました。歯で噛み切ったようです。柵の外側にはみるみるうちにかき出された土の山が

できました。

　約1時間の間、ウニは休むことなく土を掘り続けました。深さは、体が半分近くもぐれるほどでした。

穴掘り場所に向かってまっしぐらに歩くウニ。

飼育Point　ヨツユビハリネズミの穴掘り

　ヨツユビハリネズミの巣は岩の間、木の根の間や積もった落ち葉のなか、主のいなくなったアリ塚などが使われます。アムールハリネズミと同じように長いトンネルは掘りませんが、巣穴を広げる程度に土を掘ることはあるかもしれません。

11 巣穴掘り？ 「ウニ」の穴掘り

穴掘り1日目。柵の隙間を見つけて土をかき出し始めたウニ。1時間ほどで、体半分ほどの穴を掘った。

穴掘り2日目

　前日穴掘りをしたところから3mほど離れたところにウニを放しました。するとウニは一直線に穴掘りの場所へ早足で向かい、再び掘り始めました。前日は柵に対して垂直の方向へまっすぐ掘っていましたが、2日目は穴の左側を少し広げ、そのあとは右側を柵と平行に掘り始めました。体を傾けながら「く」の字に曲げて掘ることもありました。

　この日は気温が高かったためか、30分で終わらせました。穴の深さは、尻が出るくらいまで掘り進みました。

穴掘り2日目。体の向きを変えながら一心に穴を掘るウニ（①②）。ひと休みするその顔は泥だらけだが気にする様子はない（③）。

11 巣穴掘り？ 「ウニ」の穴掘り

ただ今、穴掘り中。植物の太い根は歯で噛み切る。前足で掘った土を後ろ足で後方へ押し出す。勢いがつきすぎて土が1mほど飛ぶこともある。

11 巣穴掘り？ 「ウニ」の穴掘り

穴掘り3日目

　この日も歩きまわることなく、まっすぐ穴掘りのところへ向かい、夢中で穴を掘り続けました。掘ること30分、体がすっぽりと入り、なかで方向転換ができるほどの穴ができ上がりました。

　3日間の穴掘り作業は合計約2時間。穴のなかからウニが誇らしげな顔をのぞかせました。ハリネズミは巣穴を掘る能力がないと書かれている本もありますが、身を隠す程度の浅い穴を掘ったり、冬眠をするときに、もとの穴を広げたりする程度の穴掘りは行うのではないでしょうか。

穴掘り3日目。30分ほどで、なかで方向転換ができる広さまで穴を広げた。ハリネズミは穴掘りをしないという見解もあるが、2時間もあれば体が入る穴を掘ることができるようだ。さらに時間をかけたらどのくらい掘り進むのか興味があったが、穴から出てこなくなってしまったら大変なので断念した。

11 巣穴掘り？ 「ウニ」の穴掘り

12 ハリネズミの冬眠

　ハリネズミのことを本や資料で調べていると、「冬眠をする」といったことが書かれています。冬眠と聞くと、穴のなかで冬の間ずっと眠り続けているイメージがあります。実際、ニホンアナグマはひと冬眠ったままで、以前、プロの猟師から聞いた話によると、肛門に栓をするようにひと塊の糞を残して冬眠しているのだそうです。冬に剖検すると、腸には濃い消化液が溜まっていました。ただ、冬眠する動物たちの多くは、起きたり眠ったりを繰り返しているようです。

　冬眠に複雑にからむ気象・環境要素として、冬眠するときには、気温の低下、日照時間の短縮、餌資源の減少など著しい変化が起こり、冬眠明けには、気温の上昇、日照時間の延長などが起きます。そのため比較的気温の高い鹿児島県では1月に活動しているニホンアナグマを見たことがありますし、飼育されたヤマネは餌があるうちは食べ続け、丸々に肥えても冬眠に入らないことがあるようです。また、秋の木の実が不作で十分な栄養がとれなかったり、格好な冬眠場所が見つからなかったりなど、冬に対する準備ができなかった若いツキノワグマは冬眠入りができず、餌を探して山中を彷徨っていたりします。気楽に見える冬眠ですが、動物たちにとっては命がけのことなのです。

　ハリネズミの冬眠は、種類や生息地の気候などによって冬眠期間が長かったり短かったり、また、冬眠をしないものもいます。基本的には寒くて食べるものが少ないと、体温を下げて冬眠をしてエネルギーの消費を抑え、体に蓄えておいた脂肪を少しずつ栄養にして冬を越し、食べるものが十分にあれば冬眠はしないという実に合理的な生活をしているようです。冬眠中はずっと眠ったままではなく、時々目を覚まして1〜2日過ごし、また眠りに入ることを繰り返します。

ヤマネ（ニホンヤマネ）。種の英名は「ドーマウス（dormouse）」で、まどろむネズミの意。別名は「毬ねずみ」「氷ねずみ」「山ちん」など多数。冬眠前の体重は、夏の2倍の30〜40gほど。体の放熱を防ぐように毛糸玉のようになって眠る。冬眠期間は11月から翌年3月末まで。

　ナミハリネズミやアムールハリネズミの生息地は冬のあいだ寒さが厳しくなる地が多く、夏の終わりまでに皮下や首の周りに脂肪を蓄えておいて、10月末頃から翌年の3〜4月頃まで木の根や岩の隙間、地中の穴などにコケや木の葉を運び入れて冬眠します。剪定をした枝を積み重ねた下や、積もった落ち葉の下にもぐり込むこともあるようです。冬眠中は体を触ると冷たくひんやりするほど体温を下げますが、5℃以下にはなりません。脈拍数は、活動期は1分間に189〜320回ですが、冬眠中は3〜15回で、

かすかに脈打っている程度にまで下がります。

　単独行動のハリネズミは冬眠も1頭で行いますが、秋に生まれた子どもは母親と一緒に冬眠をして、春に独り立ちをします。秋に遅くなってから生まれた子どもは脂肪の蓄えが不十分なため、途中で死亡することが多いようです。

　静岡県伊東市でのハリネズミの調査では、12月から3月まで冬眠をするという話と、冬でも見ることがあるという話を聞きました。また、11月の観察では、3頭の子どもが連れ立っているところが見られました。おそらくこの3頭は親から離れたばかりのきょうだいでしょう。時期からして一緒に冬眠をして、春になったらそれぞれ別れていくのだと思います。

　ちなみに、伊東市に近い熱海市網代の気象データを基にすると、冬眠を開始する12月の平均気温は9.6℃、終盤の3月は9.5℃、冬眠が明ける4月はぐっと上がって14.3℃になります。日照時間は12月が148.3時間、4月は171.5時間です。

　飼育をしているハリネズミは、冬眠の準備や冬眠場所をコントロールすることができないので、眠ってしまわないように温度や餌に気をつけなければなりません。ペットの本によると、パネルヒーターなどで巣箱の底から保温をするように書かれていますが、わが家では部屋の暖房と、ケージの周りにシートを巻くだけで過ごしています。暖房は夜中から明け方まで5時間ほど切ってしまうことと、ウニは生息地で冬眠を経験しているので多少心配をしましたが、3頭とも最初の冬は何事もなく過ごすことができました。ところが2回目の冬、シロに異変が起きました。それは「冬眠」と考えられるものでした。そこで、約1カ月間の様子を記録しました。

睡眠中と同じ姿勢で冬眠してしまったシロ。触ったので少し針を立てた。

飼育Point　ヨツユビハリネズミの冬眠

　野生のヨツユビハリネズミは中南アフリカのサバンナなどが生息地なので冬眠はしません。その代わり乾季になると、主食の昆虫などの活動が鈍くなり餌不足が起きるため夏眠をして切り抜けます。冬眠も夏眠も野生の状態であれば、ハリネズミたちはそれにふさわしい場所を選ぶことができますが、ペットの場合は不可能なため大変危険です。ヨツユビハリネズミは冬眠はしませんが、気温が下がると体温、心拍数ともに低くなり冬眠に近い状態になることもあるため、室温を25〜30℃に保つようにしましょう。

シロ冬眠する

　2007年1月10日の朝、いつもの通りケージの掃除に取り掛かりました。最初はシロのケージです。普段からあまり汚さないシロですが、それでも、グルーミングで体毛やフケが落ちたり、糞や尿をしたり、餌入れや水入れを前足で引き寄せるので位置が変わっていたり、敷いてある新聞紙の下にもぐり込んだあとなどが見られます。ところがこの朝は全く汚れていないのです。それどころか、餌入れも、水入れも前夜入れたときのままで、出てきた形跡がないのです。巣箱から出して様子を見ると、普段通り動きまわり排泄もありました。

　1月11日も前日と全く同じでしたが、それほど気にはなりませんでした。なぜかというと、前年の9月末から6日間、クロも餌を食べなかったことがあったからです。

　少し心配になったのは、15日からまた餌を食べなくなったときでした。体も細くなってきて、朝の排泄のときも、少し動きが鈍いような感じがしました。「冬眠」という思いが頭をよぎり、なんとか眠ってしまわないようにと思い、日中も餌を与えることにしました。

　どのようにしたかというと、シロは名前を呼びながら巣箱の出入り口を指でトントンと叩くと、出入り口まで出てくるので、そのときに餌を食べさせたのです。でも、ちょっと食べるだけでもぐってしまいます。そこで、いつでも食べられるように日中も餌を置いておきました。その後は夕方になると巣箱から出てグルーミングをしたり、餌を少し食べたりする日もありましたが、1日に食べる量が普段の10分の1しかない日が何日も続きました。

　1月22日には、日中も餌を食べなくなり、23日の朝は排泄もありません。それが2日続きました。体重を測ると760gしかありません。冬を迎える前は860gまで増えていたし、そ

枯葉のなかで冬眠するシロ。

の後も手に乗せた感じでは変わらなかったので安心していたのですが、餌を食べなくなってから一気に100gも減っていたのです。

　1月26日の朝、掃除のために巣箱から出そうと手を入れた瞬間、なかに感じる普段の温もりがありません。急いでシロの体に触れると冷たくて、呼吸数も少なく、わずかに針を立てるだけです。目を覚まさせなくてはと思い、日が当たるようにケージを置いてみましたが、丸まったままで起きる気配はありません。巣箱のなかに戻して巣材にしている新聞紙を多めに入れてそっとしておくことにしました。

　それからの6日間は全く同じ状態でした。体を横にして前足と後足を抱え込むようにわずかに丸くなって眠っています。針はきれいに寝かせていますが、音を立てたり触ったりすると、モリモリっと立ててクリのイガのようになります。それでも目を覚ますことはありません。

　眠り続けて7日目、2月1日の朝、掃除のため巣箱を開けると背中を上に向けて丸まっていました。目を覚ましていたのです。巣箱から出すと動きまわってはいるのですが、排泄はありませんでした。

　その日の午前中、ガサゴソと音がするのでのぞいてみると、シロが巣箱から出てきました。身震いとグルーミングをしたあと、餌を数粒食べて、ものすごい勢いで水を飲み始めました。普段の3倍くらい飲んだでしょうか。

　2月2日の朝は餌が減っていて、掃除のときも排泄がありました。体重を量ると730g、1週間近く何も食べていなかったのだから減ることは予想がつきました。

葉っぱをどけると、シロは針を立てて丸まったが、目を覚ますことはなく、やがて丸まりはとける。

2月3日の朝、驚いたことにまた体温を下げて眠っていました。触っても起きません。その次の日も同じです。

　2月5日の朝、最初に餌を食べなくなってから27日目です。シロのケージを見ると、餌入れと水入れの位置が変わっていて、糞もしてありました。掃除のときも排泄があり、動きも普段と同じようになりました。次の日も同じだったので、体重測定をすると30ｇ増えて760ｇになっていました。その後は食欲も増し、もとの生活に戻りました。

　最初に餌を食べなくなってから通常に戻るまでの27日間の流れは次の通りです。まず、起きている時間を少なくして、必要な量だけ餌を食べる。次に体温を下げて眠ってしまう。いったん起きて餌を食べて、すぐに眠ってエネルギーを体に補充したあと眠りから覚める。どうですか？　野生での冬眠の方法と似ていませんか。ただ、疑問もあります。室内で暖房をたいているし、ケージを縦に3個重ねた一番上がシロなので一番暖かいはずです。餌もみんな同じように与えていたのに、なぜシロだけがこのような状態になったのでしょうか。

　シロがほかの2頭と違うことは、メスだということです。人が妊娠、出産、育児をするには睡眠がとても大事な役割をしているのだそうです。睡眠と冬眠とではシステムが違いますが、冬眠をする動物にとって、冬眠は発情の準備期間ともいわれています。野生のアムールハリネズミは普通、冬眠から覚めたあとに繁殖期を迎えます。前の冬はまだ子どもだったシロも、子どもが産める大人のハリネズミになったということなのでしょうか。

　その後もシロは7度目の冬を迎えるまで、毎年11月から翌年3月の間に寝たり起きたりを繰り返しました。

冬眠中は触っても目を覚ますことはない。

ハリネズミ（シロ）の冬眠と思われる行動

日数	日付	夜間の餌	夜間以外の餌	朝掃除のときの様子	体温	体重	備考
1	1月10日	×	−	活発	正常	※11/2の体重 860g	前夜、餌を食べていない。
2	1月11日	×	−	活発	正常		↓
3	1月12日	○	−	活発	正常		普段通り。
4	1月13日	○	−	活発	正常		↓
5	1月14日	○	−	活発	正常		↓
6	1月15日	×	○	不活発	正常		前夜、餌を食べていない。朝掃除のとき、あまり活発ではないが起きた。昼間、餌を少し食べる。
7	1月16日	×	○	不活発	正常		↓
8	1月17日	×	○	不活発	正常		↓
9	1月18日	×	○	不活発	正常		↓
10	1月19日	×	○	不活発	正常		↓
11	1月20日	×	○	不活発	正常		↓
12	1月21日	×	○	不活発	正常		↓
13	1月22日	×	×	不活発	正常		前夜、餌を食べていない。朝掃除のとき、あまり活発ではないが起きた。
14	1月23日	×	×	不活発。排泄なし	正常	760g	↓
15	1月24日	×	○	不活発。排泄なし	正常		前夜、餌を食べていない。朝掃除のとき、あまり活発ではないが起きた。昼間、餌6粒食べる。
16	1月25日	×	×	不活発	正常		前夜、餌を食べていない。朝掃除のとき、あまり活発ではないが起きた。夕方、起き出してグルーミングをする。
17	1月26日	×	×	起きない	低		前夜、餌を食べていない。体温を下げて寝たまま。
18	1月27日	×	×	起きない	低		↓
19	1月28日	×	×	起きない	低		↓
20	1月29日	×	×	起きない	低		↓
21	1月30日	×	×	起きない	低		↓
22	1月31日	×	×	起きない	低		↓
23	2月1日	×	○	不活発。排泄なし	正常		前夜、餌を食べていない。朝掃除のとき起きたが、排泄はなし。午前に起きだして、かなりの水を飲み、餌を少し食べる。
24	2月2日	○	×	不活発	正常	730g	前夜、餌を数粒食べる。朝掃除のとき、あまり活発ではないが起きた。
25	2月3日	×	×	起きない	低		前夜、餌を食べていない。体温を下げて寝たまま。
26	2月4日	×	×	起きない	低		↓
27	2月5日	○	○	活発	正常		前夜、餌を食べる。朝掃除のときも起きた。夜、小屋から顔を出して餌を食べる。
28	2月6日	○	○	活発	正常	760g	前夜、餌を食べる。朝掃除のときも起きた。
29	2月7日	○	−	活発	正常		普段通り。
30	2月8日	○	−	活発	正常		↓

※夜間：午後10：00〜午前6：00。餌：○＝食べた、×＝食べない、−＝与えない。

ウニが冬眠をした！

　2009年、ウニが家に来てから5度目の冬、驚いたことにウニが冬眠と思える眠りに入りました。

　12月3日の朝、ケージのなかは前日セットしたときのままでした。その年の9月にクロが死亡したこともあって心配になり、急いで巣箱のなかに手を入れて手のひら全体でウニに触ると冷たいのです。そのまま少し力を入れて触ってみました。するとウニはモリモリッと針を立てながら体をふくらませて、鼻息を立てました。でも、目は覚ましません。眠っているのです。まずはひと安心。様子を見ることにしました。

　ウニが目を覚ましたのは翌日の昼過ぎでした。巣箱から少しぼーっとした感じで出てきて、チーズを少し食べるとまた巣箱に入っていきました。夕方餌を食べるときも、夜排泄をするときも、あまり活発ではありません。ところが翌朝になると一変して、普段以上の動きをするのです。そわそわした様子で、鼻を高く上げてくんくんとにおいをかいだり、敷いてある新聞紙の下に何度ももぐり込んだり、巣箱の上によじ登っては降りるを何度も繰り返したりして大ハッスルです。巣箱の上から落ちるように降りるので、ケガをするのではと心配になるほどでした。

　その後2月19日までの80日間に、1日の眠りが1回、2日の眠りが7回、3日の眠りが5回、4日の眠りが2回、計38日間眠りました。その間に、大ハッスルの日が6回ありました。

ウニ、まさかの冬眠。わが家で過ごす5度目の正月は、寝正月と決め込んだ。

この冬、冬眠をしたのはなぜなのでしょう。年をとったからなのか、クロが死んで、近くにオスがいなくなったため安心したからなのか、思い付くのはそのくらいです。また、異常なまでのはしゃぎ方は何なのでしょう。ハリネズミの繁殖期は冬眠から覚めた春からです。ウニは冬眠のような眠りをしたために、その兆候が顕著に現れたのでしょうか。だとしたら、眠りは年齢のせいではないのかもしれません。

ハリネズミの冬眠記録

※ □：眠った日。

冬眠する哺乳類

　日本に生息する陸生哺乳類のなかには、餌の少ない冬に体温を下降させて冬眠するものがいる。0℃近くまで体温を下げるのが小型の齧歯目、ハリネズミ形目、翼手目で、人気者のヤマネは最低体温が1℃、エゾシマリスは2.8℃、虫食性の翼手目のキクガシラコウモリは9℃、ユビナガコウモリは11℃。食肉目では中型のニホンアナグマが28.4℃、大型のヒグマやツキノワグマになると30℃くらいになる。

　ハリネズミではアムールハリネズミと同属のナミハリネズミが5.4℃とされている。

ヤマネ(ニホンヤマネ)。冬眠前、皮下脂肪を付けた体は丸々としてくる(長野県軽井沢町)。

エゾシマリス。種子を巣に貯めておき、冬眠期間中にも目覚めるたびに食べる(北海道・大雪山系黒岳)。

ニホンアナグマの冬眠用の巣穴(東京都青梅市)。

ニホンアナグマ(アナグマ)。昔、「狸汁」として賞味されていたのは、冬のニホンアナグマの肉(東京都青梅市)。

12 ハリネズミの冬眠

ユビナガコウモリ。海触洞、鍾乳洞などで大きな群れで見られることが多い(宮崎県串間市)。

①ヤマコウモリ。ケヤキの洞が好きな大形コウモリ(埼玉県秩父市)。
②キクガシラコウモリ。ぐっすり眠っているときは、翼で体をすっぽりと包む。人工の洞窟にもよく棲みつく(千葉県いすみ市)。
③オヒキコウモリ。台風のあとに街中で見つかった(埼玉県秩父市)。

13 そのほかの普段の生活

巣材運び

　ハリネズミの英名は「hedgehog」。生垣のブタという意味で、生垣に棲みブタのようによく食べることから付けられた名前です。日本で生垣というと、家の敷地を囲む垣根を想像しますが、この場合は、広い農地を取り囲んでいる低木のことを指します。生垣の下には落ちた枝や葉が積もっているので、ハリネズミは、日中その下にもぐり込んで眠ります。このようなところならば巣材を運ぶ必要はありませんが、それ以外のところを寝床にする場合は、巣材となる草やコケなどを運び入れます。

　わが家の場合は新聞紙で代用しています。吸水性がよく、頻繁に取り替えることができるからです。巣箱のなかに夏は3枚分くらい、冬は5枚分くらいを大まかにちぎって入れ、巣箱の外にも数枚クシュクシュと軽く丸めて置いておきます。すると、夜の間に巣箱のなかに運び込むのです。これを用意しておかないと、床に敷いてある新聞紙を引きちぎったり、そのまま端をくわえて運び込むため、糞が付いたままだったり、餌入れや水入れがひっくり返ったりしてしまいます。巣材の運び方は、口でくわえてショベルカーのように頭から巣箱に押し込みます。くわえる位置によっては、その新聞紙に自分が乗ってしまっていて動かず、あたふたとすることもありますが、力任せに突進していくため、口から新聞紙が外れてしまうこともあります。

　巣箱のなかの新聞紙は鼻や足を使ってかき分けるうちに体をぐるっと囲むように形作られ、さらに出入り口もふさいでしまいます。そのため、出てくるときは鼻や前足でかき分けたり押し出したりしてひと苦労です。

巣材や敷き材は新聞紙を使う。汚れたらすぐに取り換えられるので便利だ。

いろいろな声

ハリネズミは単独で暮らしているため、音声によるコミュニケーションはそれほど必要ではありませんが、日常的に口や鼻からいろいろな音を出しています。

一番多いのが、怒ったり威嚇したりするときに鼻から出す「シューッ、シューッ」という音と、眠っているときの「クウゥー、クウゥー」や「クッ」という音です。それからいびきのような「グォー、グォー」という大きな音を出すこともあります。また、かなり頻繁に、繁殖期のネコのような「ンニャ、ンニャ、ギニャァー、ギニャァー、ギニャァー」という叫び声のような音を出します。一度ですが、小学生くらいの男の子が騒いでいるような「ゥワァーオッ、ゥワァーオッ、ゥワァーオッ、ゥワァーオッ、ゥワァーオッ」という大きな音も聞きました。

怒ったとき以外の音はすべて巣箱のなかで発しています。一般に大きな声などを出すときは苦痛があるときといわれていますが、私が聞いたのは「寝言」のようなものです。また、そのときほかの2頭はというと全く無反応でした。

ほかに、ちょっと変わったものでは、喉に食べ物を詰まらせたとき、喉から口に戻すときに「キャン」という子犬のような甲高い音をたてます。

飼育本などには、繁殖期に声を出す、親子間で声を出すなどと書かれていますが、残念なことに、まだそれを聞く機会はありません。

顔を針で覆い「シュー、シュー」と大きな鼻息を立てて威嚇するクロ。

「ブホッ」

　ウニは夜10〜12時くらいの間に、巣箱のなかで大きな鼻息を立てることが多くあります。息を吸うときも吐くときもたてるのです。最初それを大きな「いびき」だと思い、私たちは「ブホッ」と呼んでいました。また、「ブホッ」のあと、巣箱から出てきたウニの口の周りに何か付いていることがあり、あぶく塗りもしているのだと思っていましたが、それは「あぶく」でも「いびき」でもなかったのです。

　ウニの飼育を始めた頃、巣箱のなかの様子がわかるように巣材を入れないときがありました。ちょうどその日、12時少し前に「グォー、ブォー、グォー、ブォー……」と聞こえてきたので、どんな姿で寝ているのかと気になり、巣箱をのぞいてみました。すると、怒って丸まったときよりもさらに体をふくらませて大きな呼吸をしているのでした。風船のように割れてしまうのではないかと心配するほどふくらんだあと、ぱっと丸まりを解き、のけぞって後ろ足をぴんと伸ばしたのです。頭部は巣箱の奥側なのではっきりとは見えませんが、「ピチャピチャ」と音が聞こえます。

　次の日も巣材を入れずに様子をみていると、「ピューッ、ピューッ……」という音が聞こえてきました。見ると、腹に顔を押し付けて、鼻息をたてていました。ハリネズミの外部生殖器は、普段は体のなかに納まっていて、外見は「出べそ」のようになっているのですが、ちょうどそのあたりを舐めています。グルーミングとは様子が違います。鼻息はだんだん大きくなり、体も丸くふくらみます。やがて丸まりが解けると同時に、頭の辺りまで伸びた先端がかぎ状になった生殖器を前足でたぐり寄せて舐め始めたのです。

　ハリネズミは繁殖期になると「ピーピー」という声を出すといわれますが、このことだったのでしょうか。

体をふくらませて大きな鼻息をたてながら生殖器を舐めるウニ。

ウニは夏が苦手

　夏、室温が30℃を超えると、ウニは巣箱から出てきて敷いてある新聞紙の下にもぐり込み、前後の足をなげ出して、ペタッと腹ばいになって寝ます。針がなく、体毛の薄い腹部を床に当てて体温を発散させているのでしょう。

　わが家ではこのウニの行動が、冷房を入れるバロメーターとなりました。もちろん、室温が下がるとウニは巣箱へ戻っていきました。

プラスチックのケージの床に、腹這いで「大の字」になるウニの足だけ見える。

複数では飼えない？

　ペット飼育の解説書では、ハリネズミは1頭ずつ別々のケージで飼いましょう、とあります。狭いところに複数を入れると、力の強い個体が餌を独占したり、闘争が起きてケガをしたり、それが原因で死亡したりするのだそうです。

　わが家のハリネズミ3頭を、日光浴のため園芸用の柵で囲いを作り、そのなかに放したときのことです。シロとクロはお互いににおいをかぎ合うと、そのまま何事もなく過ごしました。ところがウニは違いました。シロのにおいをかぐと、覆いかぶさるようにしてシロの背中の針を舐め始めたのです。シロは伏せたまま、身動きがとれません。また、クロに対しては時々警戒態勢をとり「シュー、シュー」と鼻息を立てながら、突き当たっていきます。しばらくすると、今度はシロにしたのと同じように、クロの背中の針を舐め始めました。それが優劣を決める儀式なのかはわかりませんが、その後はそれぞれ、地面を掘ったり、柵を乗

クロの針を舐めたり、かんだりしてにおいをかぐシロ。

クロ（左奥）、ウニ（右）、シロ（手前）。においをかいで確認し合う。

り越えようとしたり、柵に沿ってぐるぐる歩きまわったりしていました。これらは、もぐり込むところを探したり柵から外に逃げ出そうとしたりする行動ですが、それが無理だとあきらめると、柵に体をくっつけてしゃがみこんで休んでしまいます。1頭がこれをやると、ほかの2頭も近付き、最初の個体の腹の下を無理やりこじ開けるように突き上げてもぐり込もうとしたり、背中の上に乗って、柵との間に割り込もうとしたりするのです。たいがい最初の1頭はメスのシロで、オスのウニとクロにもみくちゃにされてしまいます。顔だけではなく、腹の毛はやわらかで薄く皮膚もとてもやわらかいので、相手の針が刺さることもあるでしょう。ケガをする前に引き離さなければなりません。日中でもこんな騒動があるのだから、夜間ともなればもっと激しいことが起きるかもしれません。

　一方、柵がない場合はどうかというと、においをかぎ合ったり、背中の針を舐めたりしたあとは、仲よく連れ立っていることが多く、突き当たっていったり、腹を突き上げたりすることは、全く見られません。ハリネズミを複数飼育するには、かなり広い設備が必要のようです。

近付いてにおいをかぎ合うクロ（左）とシロ。

クロ（右）の背中の針を舐めるシロ。

シロ（下）の背中の針を舐めるウニ。

13 そのほかの普段の生活

シロ（右）の後について歩くウニ。

仲よく地上の虫を探すシロ（左）とウニ。

14 ハリネズミのケガ・病気

ペットとして飼育されているハリネズミの病気については、ヒゼンダニによる「疥癬症」や白癬菌の感染など人獣共通感染症のほか、「腫瘍」「歯周病」「ハリネズミふらつき症候群」などが知られています。以前疥癬症にかかった野生のタヌキ、キツネ、イノシシを見たことがありますが、ひどくなると体毛が抜け落ちて皮膚が乾燥して波打ち、血がにじみ出るなど痛ましい姿でした。初期に薬を投与すれば治る病気ですが、野生動物にはむずかしいことです。

池の水を飲みに来た疥癬症の若者タヌキ。体が乾燥してのども渇くのか、真昼間からきょうだい2頭で徘徊していた。

わが家のハリネズミたちには疥癬症の症状は出ておらずひと安心でしたが、その代わりに「マダニ」がたくさん付いていて、家に来てから1週間ほどは落ちたダニを見つけては取り除く作業が続きました。日本には種が同定されているものだけでも47種のマダニが生息しています。これらのマダニが媒介する重症熱性血小板減少症候群（SFTS）が国内でも発生しているといわれています。マダニに噛まれることでSFTSウイルスが人やイヌ、シカ、イノシシなどの体内に感染し発症する病気で、発熱や嘔吐、下痢をするなどの症状が出て、場合によっては劇症化して死亡することもあるといわれて

ハリネズミに付いていた体長2.5〜8mmのマダニ。人や家畜、ペット、野生動物などの体表に寄生して吸血し、ときには病気を媒介したりする。主に成虫のメスが吸血し、生き血を吸ったあとは大きくふくれ上がる。シュルツェマダニ、ヤマトダニなどがいる。

います。国内ではマダニの保有率はまだ少ないようですが、マダニは森や草むらに普通にいるため、噛まれたり家に持ち帰ったりしないために、野山では長ズボンやスパッツなどで足をガードしたほうがいいでしょう。ハリネズミのマダニからSFTSウイルスは見つかっていませんが、噛まれると痕が赤く腫れ、悦子も1週間ほど無性に痒い目にあいました。

飼育を始めて3年ほどは、3頭とも病気はせず元気で過ごしていました。3年を過ぎたある日、ウニの片方の目が白濁し、2年後にはもう片方も同じく白濁してしまいました。ハリネズミはもともと視力があまりよくなく、ウニの行動にも変化はありませんでしたが、白内障にかかったのかもしれません。野生動物では高齢のニホンカモシカで見たことがあります。

シロは4年目の夏に頬がプクッと腫れてしまい、ドッグフードを口に入れても噛むことができなくなりました。歯周病を疑い、人に使う市販の歯周病塗り薬を綿棒で塗り様子を見ることにしました。1週間ほど続けると腫れは治まり、水でやわらかくしたドッグフードを与えると食べられるようになりました。

ケガは一度、ウニの右前足人差し指の爪の付け根から出血していたことがありました。ケー

右目が白濁してしまったウニ。

ジ側面のプラスチックと金網のつなぎ目に爪が引っ掛かったのを無理に引っ張ったようです。ぐらついている爪を切り、指先を消毒してやりました。夜になって動きまわるとまた出血しましたが、今度は自分で舐めていました。ケガをしたあとは巣箱から出る時間も餌を食べる量も少なくなり、元気がありません。利き足だったのか、巣箱の新聞紙をかき出すことや、ケージに敷いてある新聞紙をめくりあげて下にもぐり込むこともできませんでした。食欲が戻ったのは1週間後で、10日後にはケガをした部分の皮膚が剥がれ、痛みも治まったのか新聞紙もかき出せるようになりました。指先が少し変形してしまいましたが、爪も再生し歩行に影響はないようでした。

「ハリネズミふらつき症候群」については、神経系の病気で原因がわからず、治療法もまだありません。発症すると1年半から2年ほどで死亡するといわれています。わが家のハリネズミたちも死亡する前にこの病気と同じような症状が見られましたが、クロは5カ月ほど前から時々、ウニは5日前から、シロは12日前からと症状が出るのはまちまちだったので、この病気だったかどうかはわかりません。

飼育Point ヨツユビハリネズミの病気

ペットとして飼育されているハリネズミは野生のものに比べて病気にかかりやすいようです。白内障や結膜炎、歯周病、眼球突出、肺炎、下痢、膀胱炎、尿路結石、拡張型心筋症、ハリネズミふらつき症候群などのほか、ダニ症、皮膚糸状菌症、サルモネラ腸炎など人獣共通感染症などさまざまな病気があります。また、腫瘍は体のすべての部位に発生します。そのほかケージの隙間や敷材に指を引っ掛けたり、室内で遊ばせているときの思わぬ事故によるケガなど、いざというときのためにハリネズミを診てくれる獣医さんを探しておきましょう。

15 ハリネズミの死

　わが家の狭い庭を闊歩して、植物のトンネルにもぐったり昆虫を見つけて食べたりしていたウニ、クロ、シロはもう自然の土に還ってしまいました。アムールハリネズミの寿命はよくわかっていませんが、外見では見分けがつかないほどよく似ている同じハリネズミ属のナミハリネズミでは6年とも7年ともいわれています。

　ウニはひと冬越してからの飼育、クロとシロは親離れしてからの飼育なので、ウニとシロは自然死と考えられる歳に至っていますが、クロの早い死はかわいそうでした。冬眠する哺乳類の多くは、その体サイズに比べ比較的長寿であるといわれていますが、わが家のハリネズミたちは、果たして天寿を全うできたといえるのか、自問自答が続いています。

「クロ」

　2009年9月25日の朝、巣箱のなかでクロが死んでいました。わが家に来てから3年10カ月7日後のことです。

　春頃から体が前後に揺れたり、足元がおぼつかなかったりすることが時々あったので、餌に青菜やリンゴを増やしたりビタミン剤を水に溶かしたりしました。また、くしゃみをすることも増えたので、風邪を引いていたのかもしれません。食べる餌の量はそれほど変わらず、排泄も変化なくしていましたが、体がだんだん細くなっていくのがわかりとても心配でした。亡くなる前日も、夜中に巣箱から出ている気配はありましたが、残念な結果になってしまいました。

　のちにでき上がった頭部の骨格標本を見ると、臼歯がなかったり、摩滅したりしていました。また、あごの骨にも細かい空洞がたくさんありました。歯の病気があったのか、餌のカルシウム不足だったのか、見当がつきません。ただ、しっかりと餌を噛むことができなかったことは想像できます。

在りし日のクロ。いつもシロのあとをついて歩き、何事にも注意深い。触っても急に丸まったり、噛んだりすることはなくおとなしい性格だったが、なつくこともなかった。

15 ハリネズミの死

クロは散歩中も警戒心が強く、常に針をわずかに立てて歩いていた。

ニホンハッカの下に潜って餌探しをするクロ。においに敏感な動物だが、メントールのにおいを気にする様子はなかった。

いつも渋い顔をしているクロのめずらしくかわいいポーズ。
ボケの幹にウニが付けたにおいを確認しているようだった。

15 ハリネズミの死

「ウニ」

　2010年11月9日、ウニが死亡しました。わが家に来てから5年6カ月25日のことです。

　6日前の朝、体温を下げて眠っていたので、随分と早い冬眠だな……くらいにしか思っていませんでした。

　翌日の朝、掃除中に出てきて餌をねだる仕草をするので、チーズを少し与えるとおいしそうに食べて、いつものウニに戻ったように見えました。ところが昼過ぎ、巣箱のなかで嘔吐したのです。朝食べたチーズは消化されていませんでした。さらに午後2時頃巣箱から出てきた様子を見て不安になりました。足に力が入らず、体も前後に揺れていたのです。

　それから5日間、ウニにとってはとてもつらい日が続きました。巣箱から出たり入ったりすることが増え、ケージに敷いてある新聞紙の上でぐったりと腹這いになっていることもだんだん多くなりました。餌を口にすることはなくなり、水を飲んでは嘔吐を繰り返し、8日には血便もありました。

　当日の昼過ぎ、巣箱のなかで体を動かす音がしたので見ると、体をぐっと反らせるところでした。「あぁ、最期のときがきたな」と思った瞬間、体を丸めるときに使う針の周りの輪筋が背中側で縮んでしまい、イソギンチャクのような格好になってしまいました。ウニはそのまま動かなくなり、急いで針を直してやろうとしましたが、縮んだ筋肉はなかなか緩みません。もとに戻してやることができたのは30分後のことでした。

花が咲くとクモや小昆虫が集まっていることを知っているようだ。

15 ハリネズミの死

ウニは庭石にも上手に登る。生息地でハリネズミのロッククライミングを初めて見たときは驚き、今も目に焼き付いている。

愛想のいいウニは、呼びかけるとこちらを向き、鼻をフンフンさせる。

ウニはシロ、クロよりも1歳年長のせいか、いつも元気はつらつでしゃにむに動き回っていた。

15 ハリネズミの死

「シロ」

　クロとウニがいなくなり、1匹になってしまったシロにある変化が見られました。それまで巣箱からあまり出てこなかったのが、ほぼ毎日、日中でも数回出てきて、時間をかけてグルーミングをしたり、排泄をしたりするようになったのです。ハリネズミは普通、単独で暮らしています。別々のケージに入れているとはいえ、それぞれある程度の距離が必要だったのでしょう。先にいたウニがいなくなったことで、やっと警戒心が解けたのかもしれません。

　2010年の冬もシロは12月半ばから冬眠に入り、翌年3月半ば頃から活動を再開しました。歯の調子が悪くなったことを除けばいつも通りの暮らしでしたが、2011年は11月になるとすぐ冬眠状態に入りました。少し早めかなと思いましたが、眠ったり起きたり食べたりを何度か繰り返し、特に変わった様子もありませんでした。

　11月18日の午前10時半頃、巣箱から顔を出したので声をかけると出てきましたが、体が前後に揺れて、腰もふらふらとしています。餌入れのところまで行きましたが食べずにそのまま巣箱に戻っていきました。その歩き方はウニの最期の頃に似ていました。昼過ぎにまた出てきましたが、そのときは体の大きな揺れもなく、餌も食べ、その夜には排泄もありました。

　その後10日間、シロは眠り続けました。11日目に巣箱のなかで動く音がするので声をかけると鼻先を出してクンクンとにおいをかいだあと出てきましたが、体が揺れています。辛そうなので巣箱のなかに戻してやりましたが、なかで巣材をかき分ける音がしばらく続きました。

　その翌日、11月30日の午後7時頃、巣箱のなかで「クキュー」という音がしました。ウニのように大きくのけぞることはなかったようで、眠っているときと同じ姿で死んでいきました。

　2011年11月30日、シロが家に来てから6年と11日、ハリネズミにしては長生きだったのではないでしょうか。

「きれいに撮ってね」と言わんばかりのポーズを付けるシロ。女の子だからなのか仕草はいつもゆったりとしていた。

15 ハリネズミの死

さわやかな紫の花を咲かせるオオアラセイトウには、徘徊性のクモ類やスジグロシロチョウの幼虫がいる。葉上のにおいも忘れずにチェックするシロ。

安心しているときの針の流毛がきれいなシロ。少し湿り気のある地表はナメクジ、マイマイ、ハサミムシなどが隠れていて、鼻先で穿っては何か食べていた。

春の陽光を浴びてのびやかに歩くシロ。オオアラセイトウ、アブラナ、フユシラズ、ボケ、タチツボスミレが花盛りだ。わが家では極力、殺虫剤を使わないため、植物に付くチョウ、ガ、ハムシ、ハバチなどの幼虫や蛹を容易に探すことができる。

15 ハリネズミの死

16 ハリネズミはなぜ捨てられたのか？

ペットにするのはなかなか難しい

　当初私たちがイメージしていたハリネズミは、「かわいい」「おもしろそう」でした。丸くなった中心から顔をのぞかせている姿や、デッキブラシのような体と短い足でトコトコと歩いている姿など、写真でしか見たことのないハリネズミを思い浮かべて、なぜ捨てられたのか不思議でした。でも実際の飼育によってわかったことは、「ハリネズミをペットにするのはなかなか難しい」ということです。それは以下の4つの理由によります。

ハリネズミ定番のポーズをさせてみたが、嫌がってすぐに手足が飛び出てしまった。

　ハリネズミがペットに馴染まない主な理由
①夜行性なので昼間は巣箱のなかで眠っていて普通は出てこない
②人に慣れることが少ない
③触ろうとすると針を立てるので撫でたり抱いたりが難しい
④体臭、糞や尿のにおいが強い

　ウニ、クロ、シロはどうだったでしょうか。

「ウニ」の飼育の難しさ：③④

　ウニは、スプーンに入れた餌の音を聞かせたり、においをかがせたりして誘い出し、出てきたところで声をかけて餌を食べさせるということを繰り返すうちに、名前を呼びながら巣箱の角をコンコンと叩くと日中でも出てくるようになりました。グルーミングをしたり、餌をねだったりするようにもなりました。でも最初の1年間くらいはクロとシロよりも怒りっぽくて、すぐに針を立てました。掃除のときに巣箱から出すときも、クロとシロは素手でも持てるのに、ウニは針を立てて丸くふくれるので、革の手袋をしなければなりませんでした。餌や水を入れるためケージのなかに手を入れても針を立て、夜はケージの前を通るだけでも針を立てて大きな鼻息を立てながら威嚇もしました。でもそこは根くらべ。何度も声をかけるうちに威嚇はなくなり、触り方によっては針も立てなくなりました。その後は鼻の頭を指で押したり、背中を撫でたりしても怒ることは少なくなるくらいまで慣れましたが、触り方にはコツがあって、誰でも大丈夫というわけではありません。

16 ハリネズミはなぜ捨てられたのか？

ケージの扉の前で餌を待つウニ。チーズが大好きで、巣箱のなかで眠っていても「チーズ」と声をかけると飛び起きてきた。

「クロ」の飼育の難しさ：①〜④

クロは餌で誘っても、においをかぐだけで出てきません。そればかりか、出入り口を新聞紙でふさいでしまいます。出てくるのは、夜、電気を消してからです。カリカリと餌を食べる音がするのでそーっと近付いても、見られていることに気付くと、そそくさと巣箱に入ってしまいます。巣箱から出すときは、うまく腹の下に手を入れることができれば針を立てることはありません。ただ、持ち上げるときに強く力を入れるとウニほどではありませんが針を立てるので、指先に刺さって血が出ることもあります。

「シロ」の飼育の難しさ：②④

シロはお腹がすいていれば日中でも餌につられて出てきます。ただし、巣箱の出入り口までです。夜になると電気がついていても巣箱の外に出てきて餌を食べていますが、見られていることに気付くと、急いで餌を食べて、巣箱のなかに入っていきます。メスのせいかあまり針を立てることはありませんが、油断はできません。また、いつまでも手の上に乗せておくと噛むことがあります。

123

終生飼育には根気が必要

　3頭ともにいえることは、体臭と糞尿のにおいが強いことです。特にシロはメス特有のにおいなのか、ウニとクロとは違ったちょっと甘い感じのにおいがします。糞尿のにおいがするのはどんな動物でもあることです。それを嫌がったら動物を飼うことはできません。では、どうしたら少しでも不快な思いをしなくて済むのでしょうか。

　動物によって違いますが、わが家では毎日敷いてある新聞紙を取り替え、すのこを干し、ケージの内側を拭くなどの掃除を行いました。ピグミーハリネズミなどはペット用の敷材を敷いて、汚れた部分だけ取り除くという方法が多いようですが、においまでは取り除けないのではないでしょうか。

　また、ハリネズミはもともと夜行性の野生動物ですし、針を立てることでしか身を守れないのです。隙間を見つければもぐり込んでしまい、出そうとすると針を立てて体をふくらましてしまいます。触れ合ったり、癒されたりということを求めた人にとっては、ハリネズミに裏切られる結果となるでしょう。ただ餌を与えるだけの飼育となり、やがてそれすら面倒になり、「野生に帰ったほうが幸せだろう」などと自分に都合のいい理由をつけて野外に放す結果となるのです。

　さらにシロのように冬眠をしてしまったらどうでしょうか。呼吸は浅く少ないのでわかりにくいし、無呼吸のときもあります。触ると体は冷たくなっているため、針を立てたまま死んでしまったと勘違いするかもしれません。少し穴を掘って埋めたくらいでは、凍死を防ぐために目を覚まし、穴から抜け出してしまいます。

　ペットショップで売られているハリネズミの品種の移り変わりも捨てられやすい理由のひとつだと思います。ハリネズミが日本で売られ始めた頃は、おそらくアムールハリネズミだったのでしょう。ウニ、クロ、シロがこの種です。その後、小型のヨツユビハリネズミをペット用に品種改良した、さまざまな針色のピグミーハリネズミが売られるようになると、飼い主の気持ちがそちらに移り、それまでのハリネズミは用済みとなるのです。

　捨てる側の事情や言いわけはさまざまでしょうが、あまりにも無責任なことです。まずは、野生動物はペットにできないと認識することが大事ではないでしょうか。

16 ハリネズミはなぜ捨てられたのか？

かつてハリネズミはかわいいペットだったが、知らないうちに野外に放されてしまった。「うちの子」と呼べるまでなつくにはかなりの触れ合い時間がかかる。生態を理解して驚かさないように接して、ハリネズミにこちらの存在を認めさせるには思った以上の根気と観察が必要だった。

> **飼育 Point** **ペット用に品種改良されたヨツユビハリネズミ**
>
> 　ペット用に品種改良されたヨツユビハリネズミは、においも少なく人にも慣れやすいようです。また夜行性なので、日中を留守にする人にとっては室温の管理をしっかりとしておくだけでよく、帰宅と活動開始の時刻が合えば好都合なのです。ただ、体が小さく、丸まることが多いため体調の変化に気付きにくい場合があり、毎日の観察は必要です。また、終生飼育は言うまでもありません。

17 野生化したハリネズミと外来生物法

外来種とは？
　もともと日本のそれぞれの地域に生息していた動物や植物のことを「在来種（在来生物）」といい、あとから人が関わって持ち込んだり入り込んだりしたものを「外来種（外来生物）」といいます。動物園や公園での展示やペットとして、あるいは食料や毛皮をとるための養殖や観賞魚、スポーツフィッシングのため輸入されたもの、ある動物の天敵として放されたもの、貨物の積荷に紛れ込んでいたもの、貨物船のバラスト水（荷物を積んでいないときに船のバランスをとるために積まれた海水で、荷物を積むときに排出される）に交じっていたものなどの動物や、造園や園芸のために輸入された植物などです。これら国外から国内に入ってきたもの（国外移動）のほかに、国内でも生息していなかった地域にほかの地域から持ち込まれたもの（国内移動）も外来種といいます。なお、国外由来の主な外来種は p.130〜131 を、国内由来の主な外来種は p.129 を参照してください。

外来生物法の制定
　外来種の多くは、在来種だけではなく生態系全体に深刻な被害をもたらしたり、人の生活や健康に悪影響を及ぼしたりします。そこで国は 2004 年 6 月に「特定外来生物による生態系等に係る被害の防止に関する法律」（外来生物法）を公布、2005 年 6 月に施行しました。2,200 種以上もいるといわれる国外由来の外来種のなかで、生態系、人の生命や健康、農林水産業へ被害を及ぼすものと、その恐れがあるものが「特定外来生物」に選ばれ（p.127 の表を参照）、生きている個体、卵、種子、器官などの飼育、栽培、保管、運搬などが原則として禁止され、特別な場合は環境省の許可を受けなければなりません。違反をした場合は個人には懲役 3 年以下か 300 万円以下の罰金、法人には 1 億円以下の罰金が科せられます。
　わが家のハリネズミも特定外来生物に指定されました。ただ、外来生物法ができる以前から飼育しているため、扉が確実にロックされ、逃げ出すことができない構造の飼育ケージを室内の決まった場所に設置するなど、指示された飼育環境を整え、許可を受けて飼育しました（飼養許可番号 06002052）。

ハリネズミが「重点対策外来種」に指定
　さらに環境省は、2015 年 3 月に生態系に被害を与える侵略的外来種 429 種を掲載した「我が国の生態系等に被害を及ぼすおそれのある外来種リスト（生態系被害防止外来種リスト）」を発表しました。このなかには外来生物法の規制対象とならなかった国内由来の外来種も含まれています。

主な特定外来生物

哺乳類（25種）	フクロギツネ、**ハリネズミ属全種**、タイワンザル、カニクイザル、アカゲザル、タイワンザル×ニホンザル、アカゲザル×ニホンザル、ヌートリア、クリハラリス（タイワンリス）、フィンレイソンリス、タイリクモモンガ（エゾモモンガを除く）、トウブハイイロリス、キタリス（エゾリスを除く）、マスクラット、アライグマ、カニクイアライグマ、アメリカミンク、フイリマングース、ジャワマングース、シママングース、アキシスジカ属全種、シカ属全種（ホンシュウジカ、ケラマジカ、マゲシカ、キュウシュウジカ、ツシマジカ、ヤクシカ、エゾシカを除く）、ダマシカ属全種、シフゾウ、キョン
鳥類（5種類）	カナダガン、ガビチョウ、カオジロガビチョウ、カオグロガビチョウ、ソウシチョウ
爬虫類（16種類）	カミツキガメ、グリーンアノール、ガーマンアノール、ブラウンアノール、マングローブヘビ、ミナミオオガシラ、タイワンスジオ、タイワンハブなど
両生類（11種類）	オオヒキガエル、テキサスヒキガエル、キューバズツキガエル、コキーコヤスガエル、ウシガエル、シロアゴガエルなど
魚類（14種類）	チャネルキャットフィッシュ、カダヤシ、ブルーギル、オオクチバス、ストライプトバス、ヨーロピアンパーチ、コウライケツギョなど
クモ・サソリ類（10種類）	キョクトウサソリ科全種、ハイイロゴケグモ、セアカゴケグモ、クロゴケグモ、ジュウサンボシゴケグモなど
甲殻類（5種類）	ウチダザリガニ、ラスティークレイフィッシュ、モクズガニ属全種（モクズガニを除く）など
昆虫類（9種類）	クモテナガコガネ属の全種、セイヨウオオマルハナバチ、ヒアリ、アカカミアリ、アルゼンチンアリ、コカミアリ、ツマアカスズメバチなど
軟体動物など（5種類）	カワヒバリガイ属全種、クワッガガイ、カワホトトギスガイ、ヤマヒタチオビ（オカヒタチオビ）、ニューギニアヤリガタリクウズムシ
植物（13種類）	オオキンケイギク、ミズヒマワリ、オオカワヂシャ、ブラジルチドメグサ、アレチウリ、オオフサモ、ボタンウキクサ、アゾラ・クリスタータなど

2015年10月現在のリストをもとに作成。
「国外由来の主な外来種」（p.130-131）も参照

　リストは「定着を予防する外来種（定着予防外来種）」101種、「総合的に対策が必要な外来種（総合対策外来種）」310種、「適切な管理が必要な産業上重要な外来種（産業管理外来種）」18種の3つに大きく分けられ、それぞれがさらに細分化されています。ハリネズミ属は「地上営巣性鳥類への悪影響が指摘されている」という理由で「総合対策外来種」のなかの「重点対策外来種」に選定されています。このカテゴリーにはカイウサギ、ハクビシン、ハッカネズミなどのほか、国内由来では北海道・佐渡のテン、徳島などのニホンイノシシ、伊豆諸島のニホントカゲ、関東以北および島に侵入したヌマガエルなども選定されました。
　同時に、これら侵略的外来種の防除などの対策を進めるために、環境省、農林水産省、国土交通省により2020年までの行動目標が定められた「外来種被害防止行動計画」が公表されました。

ハリネズミはなぜ野生化したのか

　1978〜1980年頃、人の生活圏と野生の境界が薄れ始め、緩衝地帯の里山・中山間地では山を下りてきた在来種と外来種が混棲する新たな時代を迎えていました。

　通常、自然界ではエコシステム（生態系）における「食う-食われる」という繋がりが構築されており、逃げ出したり捨てられたりした外来生物がニッチ（niche、生態的地位）に入り込むことは簡単ではありません。ところが、ゴルフ場、墓地、宅地や山林の造成、公園など、人の手が加わった場所には在来の野生動物は未定着で、たとえ棲みついていたとしても生活空間は狭く、その隙間に外来種はうまくもぐり込めたのです。

　ハリネズミの侵入経路は不明ですが、飼育していたものが逃亡したり、飽きて捨てられたりしたものが野生化したといわれています。神奈川県と静岡県の限られた狭い地域に初期定着していますが、在来種と競り合うことはなく、人の生命・身体に危害を及ぼしたことはありません。在来種のアズマモグラやコウベモグラは完全な地下生活者で、ミミズを探しながら力任せにトンネルを掘り進み、植木鉢を横倒しにしたり、植物の根の周りに空間をつくって枯らしたりしてしまうため農家や園芸家には嫌われていますが、ハリネズミは昆虫などを探すときに鼻先で土を掘り起こすくらいで鉢を動かしたり倒したりすることはありません。静岡県伊東市での聞きとり調査でも農作物への食害などはなく、今のところ人とは良好な関係にあるように思えます。しかしこれから先、定着段階が分布拡大期、蔓延期へと移行した場合、甲虫類や陸生貝類などへの捕食圧による被害が懸念されます。

外来種とペットのためにできること

　ハリネズミの英名には「ヘッジホッグ」のほかに「アーチン（わんぱく小僧）」というかわいい呼び名もありますが、日本に連れて来られたばかりに「生態系被害防止外来種リスト」に名を連ねられてしまいました。ハリネズミそのものに増えすぎた責任はないのだと思うと同情を禁じえませんが、路上で見かける頻度の高い動物であるため、人海戦術で捕獲を続ければ駆除することは可能でしょう。しかし、これ以上そのような外来種を増やしてほしくない、エキゾチックアニマルを飼育するのであればその生態をよく理解して途中で放棄しないでほしいと思います。エキゾチックアニマルだけでなく生き物を飼育しているすべての人にこの思いが届けば幸いです。

国内由来の主な外来種 　　※すべて生態系被害防止外来種

①タヌキ（奥尻島・屋久島のタヌキ）
②ニホンイノシシ（徳之島などのニホンイノシシ）
③オヤニラミ（近畿地方以東のオヤニラミ）
④ヌマガエル（関東以北および島に侵入したヌマガエル）
⑤テン（北海道・佐渡のテン）
⑥カブトムシ（北海道・沖縄のカブトムシ本土亜種）
⑦ニホントカゲ（伊豆諸島のニホントカゲ）
⑧アズマヒキガエル（伊豆諸島などのアズマヒキガエル）

国外由来の主な外来種

特：特定外来生物
生：生態系被害防止外来種

① タイワンザル（特・生）
② クリハラリス（特・生）
③ カイウサギ（特・生）
④ リスザル（特・生）
⑤ シマリス（特・生）
⑥ ヌートリア（特・生）
⑦ タイリクモモンガ（生）
⑧ キョン（特・生）
⑨ タイワンジカ（特・生）
⑩ ハクビシン（生）
⑪ マスクラット（特・生）
⑫ アライグマ（生）
⑬ アカゲザル（生）
⑭ ハツカネズミ（生）

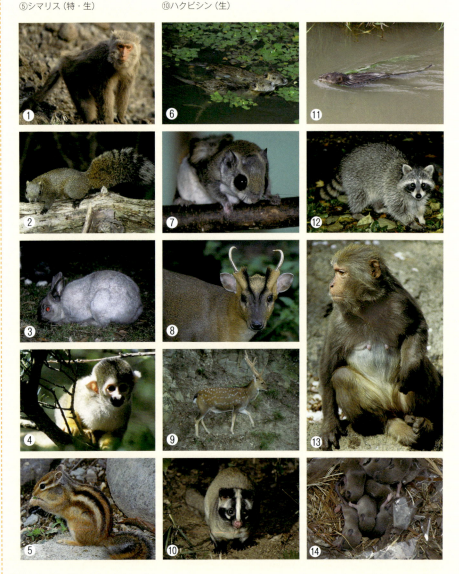

⑮ラミーカマキリ
⑯ガビチョウ（特・生）
⑰ソウシチョウ（特・生）
⑱オオタナゴ（生）
⑲ウシガエル（特・生）
⑳アカボシゴマダラ（特・生）
㉑カオグロガビチョウ（特・生）
㉒カナダガン（特・生）※2015年根絶
㉓チャネルキャットフィッシュ（特・生）
㉔アカミミガメ（生）
㉕ホソオチョウ（生）
㉖カオジロガビチョウ（特・生）
㉗ワカケホンセイインコ（生）
㉘オオクチバス
㉙カミツキガメ（特・生）

参考文献

1) 阿部 永、石井信夫、伊藤徹魯、金子之史、前田喜四雄、三浦慎悟、米田政明（著）、阿部 永（監修）(2005)『日本の哺乳類』東海大学出版会
2) 阿部 永、横畑泰志（編）(1998)『食虫類の自然史』比婆科学教育振興会
3) 飯島正広、土屋公幸 (2015)『モグラハンドブック』文一総合出版
4) 池田清彦（監修）、DECO（編）(2006)『外来生物事典』東京書籍
5) 伊豆新聞 (2003)「帰化動物ハリネズミが野生化」
6) 今泉吉典 (1973)『アニマルライフ動物の大世界百科16』日本メール・オーダー社
7) 今泉吉典 (1970)『日本哺乳動物図説 上巻』新思潮社
8) 遠藤公男 (1973)『原生林のコウモリ（動物の記録5）』学習研究社
9) 大泰司紀之（著）、高槻成紀、粕谷俊雄（編）(1998)『哺乳類の生物学2 形態』東京大学出版会
10) 大野瑞絵 (2015)『ハリネズミ：住まい、食べ物、接し方、病気のことがすぐわかる！』誠文堂新光社
11) 大野瑞絵 (2009)『ザ・ハリネズミ：飼育・生態・接し方・医学がすべてわかる』誠文堂新光社
12) 神奈川県立生命の星・地球博物館（編）(2003)『哺乳類（かながわの自然図鑑3）』有隣堂
13) 神山恒夫 (2004)『これだけは知っておきたい人獣共通感染症：ヒトと動物がよりよい関係を築くために』地人書館
14) 川道武男、近藤宣昭、森田哲夫 (2000)『冬眠する哺乳類』東京大学出版会
15) 鈴木欣司 (2012)『外来どうぶつミニ図鑑』全国農村教育協会
16) 鈴木欣司 (2005)『日本外来哺乳類フィールド図鑑』旺文社
17) タイム社ライフ編集部（編）、リチャード・カーリントン（解説）、黒田長禮（訳）(1964)『ライフ ネーチュアライブラリー 哺乳類』時事通信社
18) 高槻成紀（著）、高槻成紀、粕谷俊雄（編）(1998)『哺乳類の生物学5 生態』東京大学出版会
19) 多紀保彦（監修）、財団法人自然環境研究センター（編著）(2008)『日本の外来生物：決定版』平凡社
20) 霍野晋吉、横須賀誠 (2012)『カラーアトラスエキゾチックアニマル 哺乳類編：種類・生態・飼育・疾病』緑書房
21) 手塚 甫 (1987)『モグラ：トンネルづくりの名人（生き生き動物の国）』誠文堂新光社
22) 中村一恵 (1994)『帰化動物のはなし』技報堂出版
23) 長坂拓也（著）、森脇章彦（写真）(1997)『ハリネズミクラブ』誠文堂新光社
24) 日本生態学会（編）、村上興正、鷲谷いづみ（監修）(2002)『外来種ハンドブック』地人書館
25) ハリネズミ好き編集部（編）(2014)『ハリネズミ飼いになる：飼い方から、一緒に暮らす楽しみ、グッズまで』誠文堂新光社
26) 日高敏隆（監修）、川道武男（編）(1996)『日本動物大百科1 哺乳類Ⅰ』平凡社
27) 前田喜四雄（監訳）(2011)『知られざる動物の世界1 食虫動物・コウモリのなかま』朝倉書店
28) マクドナルド, D. W.（編）、今泉吉典（監修）(1986)『動物大百科6 有袋類ほか』平凡社
29) 本川雅治（編）(2008)『日本の哺乳類学1 小型哺乳類』東京大学出版会
30) 本川雅治、下稲葉さやか、鈴木聡 (2006)「日本産哺乳類の最近の分類体系：阿部 (2005) と Wilson and Reeder (2005) の比較」哺乳類科学 46 (2)、日本哺乳類学会
31) ライアル・ワトソン（著）、旦 敬介（訳）(2006)『匂いの記憶 知られざる欲望の起爆装置：ヤコブソン器官』光文社

32) Burton, M.（1962）『Hippo Books No.3 Mammals of Great Britain』Longacre Press.
33) Dorst, J., Dandelot, P.（1980）『A Field Guide to the Larger Mammals of Africa』Collins.
34) Gleiman, D. G.（Eds.）（1972）『Grzimek's Animal Life Encyclopedia : Mammals Ⅰ〜Ⅳ』Van Nostrand-Reinhold.
35) Ohdachi, S. D., Ishibashi, Y., Iwasa, M. A. & Saitoh, T.（Eds.）（2009）『The Wild Mammals of Japan』Shoukadoh.

参考ウェブサイト（2016年5月現在）
1) IUCN「Support the IUCN Red List」
   http://www.iucnredlist.org/
2) SBSコーポレーション「ハリネズミの飼育情報」
   http://www.sbspet.com/hog/hog3_6.html
3) NHKクリエイティブ・ライブラリー「泡ぶくぶくモリアオガエルの産卵 おもしろ映像！」
   https://www.nhk.or.jp/creative/material/fe/D0002030866_00000.html
4) 環境省「特定外来生物等一覧」
   http://www.env.go.jp/nature/intro/1outline/list/index.html
5) 環境省「我が国の生態系等に被害を及ぼすおそれのある外来種リスト（生態系被害防止外来種リスト）」
   http://www.env.go.jp/nature/intro/1outline/list.html
6) 国立感染症研究所「マダニ対策、今できること」
   http://www.nih.go.jp/niid/ja/sfts/2287-ent/3964-madanitaisaku.html
7) 薬膳情報.net「刺猬皮（しいひ）」
   http://www.yakuzenjoho.net/chuyaku/siihi.html

著者プロフィール

鈴木 欣司(元県立高校生物科教諭)／鈴木 悦子(元県立高校理科実習助手)

夫婦ともに埼玉県秩父市生まれ。ともにフリーランスの動物写真家として活動中。この10数年来は、身近にいる土着動物と外来動物のかかわりが関心事になっている。
[鈴木欣司]1939年生まれ。埼玉大学卒業。国立科学博物館動物研究部特別研究生。埼玉県動物園準備委員。埼玉県動物誌編集委員。秩父市教育研究所理科所員。長年の科学教育振興への寄与に対し全日本科学教育振興委員会および読売新聞社より賞を受ける。第79回放送記念日に、日本放送協会さいたま放送局より感謝状を受ける。日本哺乳類学会、日本霊長類学会会員。

主な著書

鈴木欣司・悦子共著として『ニホンヤモリ 夜な夜な観察記』『昆虫好きの生態観察図鑑Ⅰ チョウ・ガ』『昆虫好きの生態観察図鑑Ⅱ コウチュウ・ハチ・カメムシ他』(すべて緑書房)。鈴木欣司単著として『身近な野生動物観察ガイド』(東京書籍)、『日本外来哺乳類フィールド図鑑』(旺文社)、『モモンガ日和』(東京創元社)、『アナグマファミリーの一年』『夜のほうもんしゃ』(ともに大日本図書)、『首都圏野生の紳士録』(東京新聞出版局)、『外来どうぶつミニ図鑑』(全国農村教育協会)、『秩父ザル 野生群を追う10年の記録』(さきたま出版会)。ほかにも共著として『かわいいナキウサギ』(大日本図書)、『関東ふるさと大歳時記』(角川書店)、『埼玉県動物誌』(埼玉県教育委員会、埼玉県動物誌編集委員会)など多数。

主な連載

朝日新聞夕刊「いきてる―異郷に暮らす」「いきてる―獣のいる雪風景」「春告げ鳥」、朝日新聞日曜版「自然ふしぎ―春の森から」「自然ふしぎ―秋の北八ツ」、東京新聞「身近なエイリアン」、産経新聞「異郷に暮らす生き物たち」、毎日小学生新聞「外来どうぶつ図鑑」「母と子の動物図鑑」、日経サイエンス「外来どうぶつミニ図鑑」、子供の科学「日本外来種列島」、岳人「山に羽ばたく鳥たち」など多数。

わが家のハリネズミ生態観察記

2016年6月30日　第1刷発行

著　　者	鈴木欣司、鈴木悦子
発 行 者	森田　猛
発 行 所	株式会社 緑書房 〒103-0004 東京都中央区東日本橋2丁目8番3号 TEL 03-6833-0560 http://www.pet-honpo.com
編　　集	大谷裕子
編 集 協 力	川音いずみ
カバーデザイン	尾田直美
印刷・製本	廣済堂

© Kinji Suzuki, Etsuko Suzuki
ISBN 978-4-89531-267-7　Printed in Japan
落丁、乱丁本は弊社送料負担にてお取り替えいたします。

本書の複写にかかる複製、上映、譲渡、公衆送信（送信可能化を含む）の各権利は株式会社緑書房が管理の委託を受けています。

[JCOPY] 〈(一社)出版者著作権管理機構 委託出版物〉
本書を無断で複写複製（電子化を含む）することは、著作権法上での例外を除き、禁じられています。本書を複写される場合は、そのつど事前に、(一社)出版者著作権管理機構（電話03-3513-6969、FAX03-3513-6979）、e-mail : info@jcopy.or.jp)の許諾を得てください。
また本書を代行業者等の第三者に依頼してスキャンやデジタル化することは、たとえ個人や家庭内の利用であっても一切認められておりません。